中等职业技术学校农林牧渔类

种植专业教材

GUOJIAJI ZHIYE JIAOYU GUIHUA JIAOCAI

农产品贮藏与加工

人力资源和社会保障部教材办公室　组织编写

宋钦钢　主编

中国劳动社会保障出版社

图书在版编目(CIP)数据

农产品贮藏与加工/宋钦钢主编. —北京：中国劳动社会保障出版社，2011

中等职业技术学校农林牧渔类——种植专业教材

ISBN 978－7－5045－9191－3

Ⅰ.①农…　Ⅱ.①宋…　Ⅲ.①农产品－贮藏－中等专业学校－教材②农产品加工－中等专业学校－教材　Ⅳ.①S37

中国版本图书馆 CIP 数据核字(2011)第 150153 号

中国劳动社会保障出版社出版发行

（北京市惠新东街 1 号　邮政编码：100029）

出 版 人 ：张梦欣

*

三河市潮河印业有限公司印刷装订　新华书店经销

787 毫米×1 092 毫米　16 开本　8.25 印张　174 千字

2011 年 7 月第 1 版　2025 年 12 月第 17 次印刷

定价：15.00 元

营销中心电话：400-606-6496

出版社网址：http://www.class.com.cn

http://jg.class.com.cn

前　言

为深入贯彻落实《国家中长期人才发展和规划纲要（2010—2020 年）》和《国家中长期教育改革和发展规划纲要（2010—2020 年）》精神，适应建设社会主义新农村、加快发展现代农业的需要，加大培养适应农业和农村发展需要的专业人才力度，人力资源和社会保障部教材办公室组织了一批教学经验丰富、实践能力强的教师与行业专家，在充分调研、讨论专业设置和课程教学方案的基础上，编写了农林牧渔类相关专业系列教材，共涉及种植、养殖、农机使用与维修、农村经济管理、农村能源开发与利用等专业，将于 2011—2012 年陆续出版。

本套教材具有以下特点：

第一，以满足农业生产为主导方向，以培养学生实践能力为基本原则，在合理确定学生应具备的能力结构与知识结构基础上，对教材内容的深度、广度进行了科学设计，并突出了实践性教学内容。

第二，根据农村经济和农业技术发展的趋势，尽可能多地在教材中充实新理念、新知识、新方法和新设备等方面的内容，力求使教材具有鲜明的时代特征，满足新农村建设的需要。

第三，在教材的表现形式上，尽可能多地采用图片、实物照片或表格等将知识点、技能点生动地展示出来，力求给学生创造一个更加直观的认知环境。

本套教材的编写得到了黑龙江省人力资源和社会保障厅以及黑龙江技师学院、黑龙江第二技师学院、哈尔滨技师学院、佳木斯职教集团、哈尔滨劳动技师学院、中国一重技师学院、黑龙江机械制造高级技工学校哈尔滨分校、五大连池技工学校、黑龙江农业职业技术学院、黑龙江农业工程职业学院等一批技工院校和职业院校的大力支持，教材编审人员做了大量的工作，在此，我们表示衷心的感谢！同时，恳切希望广大读者对教材提出宝贵的意见和建议。

人力资源和社会保障部教材办公室

2011 年 7 月

本书编审人员

主　编：宋钦钢
副主编：马　慧　陈龙涛　周晓春
主　审：韩奎英

简 介

本书共八章，第一章介绍了农产品贮藏与加工中常用的基础知识，第二章到第八章分别介绍了农产品的贮藏技术和加工技术。贮藏部分主要包括粮油和果蔬两大类别，其中既介绍了马铃薯、水稻、大豆、小麦等大宗农作物的贮藏技术，也以苹果、葡萄、白菜、萝卜等为各类果品蔬菜的代表，对果蔬的贮藏作了详细说明。加工部分内容涉及范围较广，从稻麦、大豆、马铃薯等粮食作物的加工到果蔬作物的加工，再到由于生活水平的提高而应运而生的休闲小食品的加工，其中不仅介绍了一些例如干制、腌制等广为流传的传统的食品加工工艺，也不乏新式的农产品加工技术。

本书由宋钦钢任主编，马慧、陈龙涛、周晓春任副主编。韩奎英主审。

目　录

第一章　农产品贮藏与加工基础知识

要进行农产品贮藏与加工，首先要从了解农产品的化学组成入手，进而掌握其败坏的根本原因，再结合生产中常用的几种贮藏方法，以达到根据农产品种类和性质的不同择优选择不同贮藏方法的目的。

第一节　农产品的化学组成及败坏原因

一、农产品的化学组成

1. 水分

水分是农产品中的主要成分。农产品中的水分可分为两大类：一类是游离水，也叫自由水，占总含水量的70%～80%；另一类为结合水，它与蛋白质、多糖类、胶体等结合在一起，不能溶解溶质，也不能自由移动。游离水和结合水的比例用水分活度（A_w）表示。

水分给农产品的贮藏带来不利影响，农产品水分含量过高，特别是A_w高，细菌、霉菌繁殖加剧，使农产品容易腐败变质。在生产实践中使用的许多方法都是通过降低农产品的A_w值来抑制微生物的正常生长繁殖，以达到长期贮藏的目的，如干燥法、腌渍法等。

2. 糖

糖类又称为碳水化合物，主要有单糖、低聚糖和多糖。单糖是构成各种糖分子的基本单位，主要有葡萄糖、果糖和少量的核糖、木糖和阿拉伯糖等。多糖由多分子单糖或衍生物组成，如淀粉、纤维素和半纤维素。糖类在加工中常常会发生多种变化，所以含糖量的多少是农产品的腌制、酿造加工工艺的重要影响因素。

3. 有机酸

农产品中所含的有机酸主要是柠檬酸、苹果酸、酒石酸，这些有机酸以游离或酸式盐的状态存在。不同品种的农作物，有机酸的种类和含量也不同。水果中有机酸含量丰富，苹果为0.2%～1.6%，梨为0.1%～0.5%，葡萄为0.3%～2.1%。蔬菜中含酸种类丰富，但是含量很少，除西红柿等少数蔬菜有酸味外，大多数因有机酸含量低而感觉不到酸味。

4. 含氮物质

农产品中的含氮物质主要是蛋白质、氨基酸、少量的酰胺、肽、铵盐及亚硝酸盐等。

5. 色素物质

色素物质是表现农产品色彩物质的总称，在果蔬中的含量丰富。果蔬的色泽在一定程度上反映了果蔬的新鲜度、成熟度和品质变化等，是品质评价的重要指标。如叶绿素、类胡萝卜素等。

6. 维生素

维生素是维持人体生命活动所必需的一类有机物质，对机体的新陈代谢、生长、发育、健康有着极其重要的作用。

农产品中维生素含量丰富，种类多样。新鲜的蔬菜和水果是维生素 C 的主要来源，如韭菜、菠菜等绿叶蔬菜、西红柿、樱桃、柑橘、猕猴桃等；各种油料种子及植物油中维生素 E 含量较高，如植物油中的芝麻油、麦胚油和花生油，此外几乎所有的绿叶蔬菜中都不同程度地含有维生素 E；维生素 B 含量丰富的农产品主要有粮谷类、豆类、干果等。

7. 矿物质

矿物质是维持体液渗透压和 pH 值不可缺少的物质。谷物类和薯类含有多种矿物质，如米、面中含有丰富的磷、钙，土豆、大米含有较多的铁，小米、大麦、小麦、燕麦等含有丰富的镁，淀粉中含有较多的锌，糙米、小麦、大麦、高粱等是锰的良好来源。

二、农产品败坏的原因

农产品的败坏含义较广，凡不符合农产品食用要求的变质、变味、变色、分解和腐烂都属于败坏。也就是说，凡是改变了农产品原来的性质和状态而质量变差即可认为是败坏。引起农产品败坏的主要原因有微生物败坏、酶败坏和理化败坏。

1. 微生物败坏

有害微生物的生长发育是导致农产品败坏的主要原因。微生物引起的败坏通常表现为生霉、酸败、发酵、软化、腐烂、膨胀、产气、变色、混浊等。微生物的种类繁多，自然界中无处不在，空气、水、土壤、加工工具和容器、操作人员的手上处处都有微生物的存在，可以说是无处不有，无孔不入。再加上农产品的营养物质丰富，极易滋生微生物。

引起农产品败坏的微生物主要有细菌、霉菌、酵母菌等。多雨潮湿的地方霉菌极易滋生，对农产品的污染也十分严重。目前已知的霉菌毒素已有约 200 种。食品被霉菌毒素污染后可引起人体中毒，降低食品食用价值。目前，全世界每年平均有约 2%的谷物由于霉变无法食用而造成巨大的经济损失。

2. 酶败坏

酶是一类具有生物催化活性的蛋白质，其活力在农产品收获后仍然残存着。谷物和种子贮存 60 年后仍可以进行呼吸、发芽和生长就是很好的证明。新鲜农产品体内存在着多种酶类，除非这些酶已由热、化学品、辐射和其他手段加以钝化，否则就会在农产品内继续催化，造成农产品腐败变质。

3. 理化败坏

在农产品的加工和贮藏过程中发生的各种不良理化反应是造成农产品败坏的重要原因之一，如氧化、还原、溶解、沉淀等。理化败坏一般程度较轻，但普遍存在。通常表现为成品的变色、变味、软烂、维生素的损失等。

第二节　农产品贮藏技术

目前，农产品贮藏领域中多种技术并存。主要有常温贮藏技术、低温贮藏技术、气调贮藏技术、物理保鲜技术和化学保鲜技术等。其中，常温贮藏技术应用较为广泛，如对粮食、北方的蔬果和南方冬季的柑橘、红薯等的贮藏。能够人工控制温度的机械冷藏技术是获得恒定低温的主要方式，而理、化结合的综合性技术措施显示出更好的效果和更高的应用价值。

一、常温贮藏

常温贮藏一般是指在构造简单的贮藏场所，利用自然温度随季节和昼夜不同时间变化的特点，通过人为措施，引入自然界的低温资源，使贮藏场所的温度达到或接近产品贮藏所要求温度的一类贮藏方式。常温贮藏源于生产实践中对民间经验的总结和积累，其主要特点如下：贮藏场所因地制宜，结构简单，建造容易，费用低廉；不能人为控制温度，只能尽量利用自然温度的变化来调节贮藏环境内的温度，因而效果和使用上均受限制；形式多样，规格不一。这类贮藏方式包括堆藏、沟藏（埋藏）、窖藏和通风贮藏四种基本形式。

1. 堆藏

堆藏，就是将农产品直接堆放在田间、空地或浅坑中，根据气温的变化，用土壤、草帘、秸秆等隔热材料分层加盖，维持适当的温度，以达到防冻、防热、防晒目的的一种贮藏方法。

堆藏的果蔬不可过高或过宽，否则会影响通风散热，导致堆中心的温度过高而引起腐烂。堆藏受气温的影响比较大，适合于较温暖的地区越冬贮藏，而在寒冷的地区一般只用做秋冬季节的短期贮藏。

通常适用于堆藏的农产品有苹果、梨、柑橘、白菜、甘蓝、洋葱、冬瓜、南瓜等。

2. 沟藏

沟藏，就是将农产品堆放在沟、坑内，放一层或多层，然后根据气候的变化分次覆土，达到一定的覆土厚度进行贮藏的方法。

沟藏较易受地温的影响，其保温保湿性能比堆藏要好，尤其在冬、春两季。但在秋季，沟内温度往往较高，果蔬自身又释放田间热和呼吸热，所以用沟藏入贮前要通风散热。此外，还要根据不同地区的地温来确定沟的深浅和覆土的厚薄。

适用于沟藏的农产品主要有板栗、核桃、山楂、苹果等。

3. 窖藏

窖藏，就是在埋藏基础上发展起来的一种贮藏方式。基于气候、地理条件的差别，窖的形式多样，有一定代表性的是棚窖、井窖和窑窖。棚窖是从地面竖直向下打坑；窑窖则沿山体按水平方向开凿；井窖则是先打井，达一定深度后再按水平方向向四周开挖成窖。除棚窖部分在地上，其他窖的窖身均深入地下。

窖藏以土层为窖壁，主要受土温的影响，因而温度较为稳定，保湿性较好，有利于新鲜果蔬、薯类的贮藏。同时窖内还可累积一定的 CO_2 产生自发气调的作用，有利于延缓农产品的衰老和抑制病原菌的活动。

窖藏适合于北方地区多种果蔬的贮藏，但应根据不同果蔬对温度的要求进行合理的调节。

4. 通风贮藏

通风贮藏，就是利用通风贮藏库来保藏农产品的一种贮藏方法。通风贮藏库设置了较为完善的隔热层和通风系统，可以利用气温的变化，根据库内产品的需要，以通风换气的方式，获得相对适宜和稳定的温度，且操作方便，能大大提高降温效果。

根据通风贮藏库在地层中的位置，可将其分为地上式、地下式和半地下式三种类型。地上式主要受气温影响，秋季易降温，比较适于南方地区。地下式主要受地温影响，温度较稳定，比较适于寒冷地区。半地下式两者特性兼有，需根据实际情况作具体分析。

通风库应建在地势较高，地层较干燥，春季地下水位低于库底 1 米以上，环境开阔，通风良好，交通方便的地方。通风库平面通常为长方形，库内高度宜在 4 米以上，长度与宽度可按实际情况确定，以利于空气畅通。一般而言，寒冷地区应南北方向延长，以减小寒风直接吹袭面，防止库温过低；温暖地区应东西方向延长，以减小阳光直射面，增大冬季迎风面。

通风系统是通风贮藏库通风的重要组成部分。通常贮藏量在 500 吨以下的贮藏库，每 50 吨产品的通风面积应不小于 0.5 平方米，当贮藏库进行自然通风时，每 1 000 平方米的库容，其通风面积应在 6 平方米左右。

二、低温贮藏

低温贮藏是一个广义的概念，常常把用人为方式获得的一定的低温环境称为冷藏，习惯所指就是机械冷藏。

1. 常规机械制冷

（1）制冷设备。常见的制冷设备包括以下几种：

1）制冷压缩机。目前广泛应用的是压缩式制冷机，按其机械结构可分为活塞式和旋转式两种，其中活塞式在生产中更为常用。

2）冷凝器和贮液器。高温高压的气态制冷剂在冷凝器中与水或空气进行热交换，温度降低而液化，再流入贮液器中贮存。

3）蒸发器。是高压制冷剂释压汽化吸热完成热交换的设备。

(2) 制冷剂。在常温常压下为液态，加压时易于液化，当由液态释压转变为气态时吸收周围环境的热量而产生制冷作用的一类物质被称为制冷剂。制冷剂应具有下述特点：沸点低，汽化潜热大；临界压力小，易于液化；无毒、无刺激性；不易燃烧、爆炸；对金属无腐蚀作用，漏气容易察觉；来源广，价格较低。事实上，无一种物质同时具备上述特征，应用时需根据具体情况选择。

(3) 机械冷藏库。机械冷藏库目前是农产品贮藏最重要的永久性设施，修建时要考虑的问题很多，但基于建库目的，库温的稳定和能耗的大小无疑是最关键的技术经济指标。二者与隔热结构设置是否合理关系最为密切。

在采用机械冷藏时，温度并非越低越好，并且即便是同一种产品，所需要的低温也可能会有明显的差别。在实际应用中应根据品种、产地、成熟度、采后预处理方法、贮藏期长短等情况综合考虑并调整。

2. 水果蔬菜的湿冷贮藏

湿冷贮藏系统是专门针对果蔬的保鲜要求而研究开发的。该系统能够满足大多数果蔬产品对温度的要求，降温均匀快速；解决了果蔬采后热负荷高峰期降温缓慢的问题；湿冷系统无结霜现象，库房内部保持高湿环境；系统在通风时结合臭氧充入有效地控制了病害的发生。

湿冷系统用于龙眼、杨桃、荔枝等的保鲜，其效果十分理想。不仅适合那些表面积大、含水丰富、组织柔嫩、对低温敏感，采收于炎热夏季的各种植物产品，而且在鲜肉、鲜水产品上也可开发应用。

3. 常规冷冻贮藏

采用－20～－18℃的低温使食品冻结并在－18℃下保藏是食品安全有效的保存方法。但是常规冻结会对食品的品质产生一定影响：食品解冻后脱水流液，会丧失食品部分原有的质地、风味与营养特征；因氧化导致食品变色变味；因食品与环境空气及冷冻装置之间存在的温度差使得食品逐渐失水产生干耗，严重时食品组织结构会遭到破坏。

目前，冷冻贮藏技术已在生鲜肉禽、调理食品、方便食品生产中得到商业化应用，但大多数新鲜果蔬不适宜直接采用冷冻技术，而必须通过热烫、预煮等预处理，灭酶和致死细胞，再进行低温冻结和贮藏，此处理过程即是果蔬的速冻加工。

三、气调贮藏

气调贮藏，即调节气体成分贮藏，是指通过改变贮藏环境中的气体成分来延缓农产品的成熟与衰老，从而达到贮藏保鲜目的的一种贮藏方法。气调贮藏被认为是当代效果最好的贮藏方式。

气调贮藏的原理是：采后果蔬在生命活动中要消耗 O_2 释放 CO_2，因此，在一定范围内降低 O_2 含量，升高 CO_2 的含量就会抑制果蔬的呼吸作用，延长其贮藏寿命，这是气调贮藏的实质。此外，温度也是不可替代的基本因素，温度与各气体之间相互作用是引起农产品生理变化的准确原因。

我国的气调贮藏开始于 20 世纪 70 年代，经过 30 多年的不断研究探索，现已具备了自行设计和建设各种规格气调库的能力。目前，气调贮藏新鲜果蔬产品的数量不断增加，而继果蔬气调贮藏的出现，粮食的气调贮藏也开始迅速发展，对储粮也产生了较大的影响。

四、农产品的新技术保鲜

1. 辐射处理

辐射处理，是指用电离辐射对农产品进行处理，以达到贮藏保鲜目的的方法。1976 年联合国粮农组织、国际原子能机构、世界卫生组织联合专家委员会向世界宣布：经 10 kGy 以下辐照剂量处理的食品对人体是安全的。自此以后，作为一种不损伤食品品质的“冷杀菌”技术，食品的辐照保藏在全球得到更快的发展，并越来越显示出其重要的应用价值。

2. 电场处理

电场处理是近年来应用于果蔬贮藏的一门新技术。它是指通过稳定的高压作用形成的静电场对农产品进行处理，达到保鲜目的的方法。

静电保鲜是简单的物理过程，既没有药物残留，也不会造成二次环境污染。而且操作方便，经济节能，尤其对于含水量高、难贮藏的果蔬来说，是一种理想的保鲜贮藏方式，具有很大研究价值。

思考题

1. 农产品贮藏与加工的重要性有哪些？
2. 农产品腐败变质的原因有哪些？
3. 常温贮藏包括哪几种贮藏方法？
4. 常规冷冻贮藏对食品的品质会产生哪些影响？

第二章 粮油贮藏

粮油贮藏是农产品收获后一个重要的工作环节。由于各种粮油产品的化学成分不一、生理特性不同，它们的贮藏方法和管理措施也有所区别。影响粮油安全贮藏的因素是多方面的，针对不同粮油的特点及各种不利因素，运用现代科学技术，在合理的贮藏期内保持粮油品质稳定，是粮油贮藏工作的目的和任务。

第一节 水稻和大米的贮藏

水稻的贮藏一般是指种子贮藏。农户种植水稻需要大量的高活力的种子，因此，了解和掌握水稻种子的贮藏技术非常重要。北方地区在水稻收获季节常受低温、多雨、早霜的危害，冬季漫长，气温低达－30℃以下，给水稻种子的贮藏带来了困难。因此，必须改善贮藏条件，提高贮藏品质，用科学的管理方法保证水稻种子安全越冬，为水稻生产奠定坚实的基础。

一、水稻种子的贮藏特性

第一，水稻种子是一种颖果，稻谷外部有完整的颖壳，能起到一定的保护作用，减少病虫危害的机会，同时也降低米粒的吸湿性。与其他作物相比，稻谷的吸湿力最弱，但稻谷结构较松弛，呼吸作用较强，加之孔隙度较大，在通气情况下导热性强，易受气温变化影响。在高温下较易变质，而在低温下又易受冻害，所以种子收割后应充分晾晒干燥。

第二，水稻种子表面粗糙，散落性比其他作物种子差，可适当高堆，以提高仓库利用效率。种子堆较疏松，孔隙度比其他作物种子大，种子堆的通气性较好。

第三，休眠期短，易发芽。水稻后熟期较短，在贮藏期间如果结露、雨淋、渗水等，只要水分达到25%就可能发芽。

第四，新收获的稻谷生理代谢强度大，呼吸旺盛，易发芽、生霉。稻种刚入库时不稳定，易因结露等原因而发芽，或因水分变化而生霉。

第五，不耐高温，易变质。水稻种子耐热性差，干燥速度太快会使种子活力丧失，稻粒的胶体结构疏松，遇高温，品质会劣变。

第六，易受冻害。冬季气温低时易发生冻害，降低活力。

二、水稻种子安全贮藏措施

1. 适时收获、及时干燥、冷却入库、防止混杂

（1）稻种成熟阶段正是农忙季节，有时因为工作安排上的困难，或没有掌握品种成熟特性而将种子过早或过迟收获。过早收获的种子成熟度差、瘦瘪粒多不耐贮藏。过迟收获的种子，在田间日晒夜露，呼吸作用消耗物质多，有时种子会在穗上发芽，这样的种子同样不耐贮藏。所以，必须充分了解品种的成熟特性，适时收获。

（2）未经干燥的稻种堆放时间不宜过长，否则容易引起发热或萌动甚至发芽以至于影响种子的贮藏品质。一般在早晨收获的稻种，即使天气晴朗，由于受朝露影响，种子水分可达28%～30%，午后收获的稻种的水分在25%左右。种子脱粒后，立即进行暴晒，只要在平均种温能达到40℃以上的烈日下，经过2～3天暴晒即可达到安全水分标准。暴晒时如阳光强烈，要多加翻动，以防稻种受热不匀，发生爆腰现象，水泥晒场尤应注意这一问题。早晨出晒不宜过早，事先还应预热场地，否则由于场地与受热种子温差大发生水分转移，影响干燥效果。这种情况对于摊晒过厚的种子更为明显。机械烘干温度不能过高，以防止灼伤种子。

（3）如果遇到阴雨天气，应采用薄摊勤翻、鼓风去湿、加温干燥、药物拌种等方法，尽快地将种子水分降下来。加温干燥的种温不宜超过43℃，否则会影响种子发芽力。药物拌种是一种应急措施，将药物拌入湿种子内可抑制种子的呼吸作用，在短期内能预防种子发热和生霉。据华南植物研究所试验，含水量为28%的籼稻种子5 000千克均匀拌入丙酸4千克，在通气条件下可保存6天。在6天之内能将种子干燥，基本上不影响发芽率。用0.5千克漂白粉拌在500千克稻种内，有同样效果。如果用在其他种子上，要适当降低药量或经过试验用药。

（4）经过高温暴晒或加温干燥的种子，应待冷却后才能入库。否则，种子堆内部温度过高会发生“干热”现象，时间过长引起种子内部物质变性而影响发芽率。热种子遇到冷地面还可能引起结露。

（5）水稻种子品种繁多，有时在一块晒场上同时要晒几个品种，如稍有疏忽，容易造成品种混杂。因此种子在出晒前，必须清理晒场，扫除垃圾和异品种种子。出晒后，应在场地上标明品种名称，以防差错。入库时要按品种有次序地分别堆放。

2. 控制水分、掌握温度、严格标准、防止过高

水稻种子的安全贮藏与温度密切相关。贮藏温度在20℃，水分为10%的稻种保存5年，发芽率仍在90%以上。温度在28℃，水分为15.6%～16.5%的稻种，贮藏30天便生霉。因此，种子水分应根据贮藏温度不同加以控制。

在生产上，一般对早稻种子的入库水分掌握严一些。因为早稻种子须经过高温的夏季，而且暴晒条件较好，种子容易降低水分。对晚稻种子，尤其是晚粳稻种子的入库水分，可适

当放宽一些。这是根据晚稻种子入库时气温较低、干燥条件比较困难、粳稻种子又不易降低水分等具体情况而放宽的。但是种子水分不能放得过宽，以免发热和生霉。晚稻种子的水分，一般不能超过15%，而且还须在晴朗天气进行翻晒降水。通常是温度在30～35℃时，种子水分应掌握在13%以下；温度在20～25℃时，种子水分应掌握在14%以内；温度在10～15℃时，水分可放宽到15%～16%；温度在5℃以下，水分则可放宽到17%。但是，16%～17%水分的稻种只能做暂时贮藏，应抓紧时间进行翻晒降水，以防高水分种子在低温条件下发生霉变。

3. 杀虫灭鼠、防霉防烂、早稻降温、晚稻降水

（1）杀虫，灭鼠。我国产稻地区的特点是高温多湿，仓虫容易滋生。仓虫通常在稻谷入仓前已经感染种子，如贮藏期间条件适宜，就会迅速大量繁殖，对种子造成极大损害。仓虫对稻谷危害的严重性，一方面决定于仓虫的破坏性，同时也随仓虫繁殖力的强弱而不同。危害水稻种子的害虫主要有玉米象、米象、谷蠹、麦蛾、谷盗等。仓虫大量繁殖，除引起贮藏稻谷的发热外，还能剥蚀稻谷的皮层和胚部，使稻谷完全失去种用价值，同时降低酶的活性和维生素含量，并使蛋白质及其他有机营养物质遭受严重损耗。

仓内害虫可用药剂熏杀。目前常用的杀虫药剂有磷化铝，也可用防虫磷防护。同时选用合适的灭鼠药，杀灭老鼠。

（2）防霉。种子上寄附的微生物种类较多，但是危害贮藏种子的主要是真菌中的曲霉和青霉。当温度降至18℃时，大多数霉菌的活动才会受到抑制；只有当相对湿度低于65%，种子水分低于13.5%时，霉菌才会受到抑制。霉菌对空气的要求不一，有好气性和嫌气性等不同类型。虽然采用密闭贮藏法对抑制好气性霉菌能有一定效果，但对能在缺氧条件下生长活动的霉菌如白曲霉、毛霉之类则无效。所以密闭贮藏必须在稻谷充分干燥、空气相对湿度较低的前提下，才能起到抑制霉菌的作用。

（3）早稻降温。新入库的早稻种子种温较高，生理活动较强，所以它的贮藏前期稳定性较差。稻种入库一般又在立秋以后，白天气温较高，夜间气温下降，形成明显的昼夜温差，影响到仓温和上层种子，以至于造成上层种子增加水分。因此，在入库后的21～28天内须加强检查，并做好通风降温工作。在傍晚打开门窗通风，经常翻动面层种子，以利散发堆内热量。

（4）晚稻降水。晚稻种子的干燥受气候条件限制，入库后已进入冬季低温阶段，所以一般对种子入库水分要求不是十分严格。由于种子水分偏高，引起某些低温性霉菌的危害以至于影响发芽率，这是造成晚稻种子发芽率下降的主要原因。因此，晚稻种子入库时同样要严格控制水分，超过16%水分的种子不能入库贮藏。即使已经入库的种子也必须做好降水工作，把水分降到13%以内。水分超过15%的晚稻种子应在14～21天内设法将水分降低，否则在第2年播种时，将难以保证应有的发芽率。

知识链接——水稻种子安全贮藏的“三忌”和“三要”

（1）“三忌”

一忌烟熏。杂交稻种受到烟熏，会降低种子的活性，削弱发芽率，还会影响下年秧苗的长势。烧煤、柴的地方，不能存放种子，贮藏室也不能靠近厨房。

二忌与不同杂交稻组合混放。杂交稻组合多，不同组合有不同的生育期，播种期也有早有迟。若一起混放，容易搞错组合，弄错播种期，不利高产。种子包装袋内外都要贴上标签，标明品种、类型、数量，单独贮藏保管，严防混杂。

三忌种子与农药、化肥混贮。农药和化肥都有较强的挥发性，若与种子一起混贮，对杂交稻种子生命力有很大影响。

（2）“三要”

码稻袋要远离墙。仓库的墙壁一般是冷热传导的介质，冬季墙壁外墙凉，内墙热，冷热交替，使仓库内墙潮湿，甚至内墙表面流水，所以码稻袋垛至少离开墙50厘米，以免稻种受潮。

要防局部结露。防止措施是保持稻种良好的密闭，整个种子堆的温度要均匀一致。入秋后，为避免稻种内外层的温差导致结露和降低种子堆的温度，应通风或翻动种堆，使种温逐渐降低。

要选通透性强的袋子装稻种。农户贮藏杂交稻种子，千万不能用不透气的塑料袋、腌过菜的坛子或装过农药、化肥的袋子等装种、藏种。一般要选择干净的纱织布袋、麻袋、编织袋或箩筐加盖装种、藏种。无论用什么容器盛装杂交稻种子，均不能与地面接触。

三、大米的贮藏方法

1. 大米的贮藏特点

大米失去皮壳保护层后，营养物质直接暴露于外，对外界温度、湿度和氧气的影响比较敏感，吸湿性强，带菌量多，害虫和霉菌易于直接危害，并易导致营养物质加速代谢。糠粉中所含的脂肪易氧化分解，形成脂肪酸，使大米酸度增大。由于上述不良因素的存在，使得大米陈化和霉变速度加快。大米宜低温贮藏，不宜直接吹风或骤然降温，只可缓慢降温，并在低温环境中缓慢降水、干燥，不宜高温烘干或阳光直接暴晒。

2. 大米的贮藏方法及注意问题

大米最好是低温贮藏。贮藏中须注意以下几点：

（1）严格控制水分。大米贮藏的安全水分为13％以下，其安全水分还可根据气温作适当调整，夏秋季节气温不超过35℃时为13%以下，春季气温不超过20℃时为14%以下，冬季气温在10℃以下时可放宽到15%～16%。

（2）清除糠粉，防虫防霉。大米贮藏中要勤检查，发现有发热霉变的先兆，应及时摊晾。碾米时应清除糠粉，对糠粉多的入库大米应重新清除，以提高大米贮藏的稳定性。

（3）自然低温保管。为使大米安全越夏，可利用冬季和初春自然低温，对大米进行降温降湿，入夏之前密闭仓库，以减轻高温高湿对大米的影响。

第二节　小麦和面粉的贮藏

我国是粮食生产及消费大国，小麦作为国民的基本口粮占消费总量的95%以上，年产量仅次于稻谷，但由于贮藏不当，造成大量损失。因此，对不能及时食用或加工的小麦，如何进行合理、有效的贮藏，是一项极为重要的工作，对提高小麦贮藏性能，增加粮食供应量，促进生产力等具有重要意义。

一、小麦的贮藏特性

小麦的贮藏一般是指小麦种子的贮藏。小麦种子称为颖果，稃壳易于脱落，果实外部无保护物。果皮较薄，组织疏松，通透性好。空气干燥时，易释放水分；空气湿度大时，也容易吸收水分。因此，小麦在暴晒时水分蒸发快，干燥效果好；反之，在湿度较高的条件下，小麦种子也易吸湿提高水分。麦种的这种易吸湿回潮的特性，为仓虫、微生物的繁衍提供了良好条件。小麦种子有较强的后熟期，有的需要经过1～3个月的时间，在这个过程中，呼吸比较旺盛，容易产生“出汗”现象，造成种子堆上层结顶。麦种具有较强的耐热特性，特别是未休眠的种子，耐热性更强。

二、小麦的贮藏方法

1. 高温密闭贮藏法

由于小麦的耐高温性强，故利用高温贮藏小麦是一种有效的方法。高温密闭杀虫效果好，能促进小麦的后熟，增强其稳定性，提高发芽率。具体方法为：选择晴好天气，将小麦均匀地摊放在事先扫净的晒粮场地上，厚度以3～5厘米为宜。日光暴晒4～6小时，晾晒过程中不断翻动小麦，当水分含量降到12%以下，粮温上升到45～48℃时起堆，趁热入仓。在仓底和四周铺好塑料布，顶部用事先晒热的席子、草帘等压盖密闭。需要注意的是，小麦的含水量要求降到10%～12%，且要有足够的温度和密闭时间。另外，仓房、器材、用具等均需事先杀虫。

2. 低温密闭贮藏法

低温密闭贮藏是小麦长期安全贮藏的常用方法之一。该方法不仅可以防虫、防霉，还可以降低粮食的呼吸消耗，减少某些成分分解引起的损失，保持小麦较好的发芽力和加工品质。具体方法是：秋凉后，对小麦堆进行自然通风或机械通风，使其充分散热，利用冬季低温使其降温，再趁冷密闭。此法对消灭越冬害虫和延缓外界高温有良好的效果。

3. 缺氧贮藏法

缺氧贮藏主要指用塑料薄膜或其他密闭容器，将小麦与外界空气隔绝，利用其自身的呼吸作用，达到气调效果的一种方法。对于新收的小麦，由于其生理活动旺盛，呼吸强度大，故可自然降氧。操作时，要做到仓储容器或仓房上不漏、下不潮、四周无缝隙，防止进入湿热空气。这样可以保持小麦干燥、低温，达到安全贮藏的目的。

4. 化学防虫贮藏法

化学防虫贮藏法适用于小麦的长期贮藏，通过加入化学防虫剂，可有效防止虫害和霉菌繁殖，大大提高贮藏的可靠性和稳定性。一般防虫剂有：磷化铝、磷化氢、苯氧威等。使用方法大体相同。如使用防虫磷时，每 20 克防虫磷乳油拌 0.5 千克麦糠，拌好后晾干，按药粮质量比为 1∶1 000 均匀拌入小麦中，并立即贮存即可。使用磷化铝时，每 1 000 千克小麦用磷化铝 4～5 克。在小麦进囤（入缸）后，先将磷化铝药剂用纱布包好，再用细竹竿均匀插入粮囤或粮缸中。对于袋装存放的小麦，可直接将用布包好的磷化铝药剂放在袋与袋之间，再用塑料薄膜将袋垛围封好。

5. 其他简易贮藏法

对于农户或某些小型仓库，由于储粮设备较差，投入资金较少，可采用简易有效的贮藏方法。如小麦贮藏时，加入一些海带、大蒜、食盐、艾草、香樟叶、生姜、松香等，能起到防虫效果。如果贮藏时加入食盐，按每 100 千克湿麦均匀拌入 1 千克食盐，堆存 8～12 小时，散堆薄摊，每天翻动几次，可安全贮藏 10～15 天。另外，有报道表明，用质地较厚的农用塑料薄膜对小麦进行密封贮藏，可起到杀虫灭菌的作用。对于隔年陈麦，可在麦垛底部放入相当于小麦质量 5%～10%的生石灰作干燥剂，能防止小麦返潮。

三、小麦粉的贮藏方法

1. 注意贮藏条件

小麦粉是直接食用的成品粮，要求仓房必须清洁、干燥、无虫，包装材料洁净无毒，切忌与有异味的物品堆放在一起，以免吸附异味。

2. 合理堆放

小麦粉贮藏多为袋装堆放。干燥低温的小麦粉，宜用实堆、大堆，以减少接触空气的面积；新加工的热机粉宜堆小堆、通风堆，以利散湿、散热。不论哪种堆形，袋口都要向内，堆面要平整，堆底要铺垫好，防止吸湿生霉。堆垛高度应根据粉质和季节气候而定，水分在

13%以下的小麦粉，一般可堆高20包。长期贮藏的小麦粉要适时翻桩倒垛，掉换上下位置，防止下层结块。大量贮存小麦粉时，新陈小麦粉应分开堆放，便于推陈出新。

3. 密闭防潮

由于小麦粉吸湿性强，导热性差，采取低湿入库密闭贮藏，可以延长安全贮藏期限。即在春暖以前，将水分在13%以下的小麦粉，利用自然低温入库密闭贮藏。密闭方法，可采用全仓密闭或粮堆压盖密闭，也可采用塑料薄膜密闭粮堆的方法。这样既可防潮、防霉，又能形成一定的缺氧环境，减少氧化作用和害虫感染。

4. 严防虫害

小麦粉容易生虫，一旦生虫较难清除，熏蒸杀虫效果虽好，但虫尸仍留在粉内，影响粉质和食用。因此，小麦粉应严格做好防虫工作。防虫的主要办法是彻底做好小麦、面粉厂、面袋及仓库器材的清洁消毒工作，以防感染。

第三节　玉米的贮藏

玉米的贮藏主要是指玉米种子的贮藏，同时嫩玉米的贮藏也比较重要。玉米种子从收获至播种前需经过较长的贮藏阶段，贮藏的根本目的在于保持种子高活力，保护种子良好的播种质量。玉米种子贮藏的任务就是采用合理的贮藏设备和先进科学的贮藏技术，人为地控制贮藏条件，将种子质量的变化降到最低限度，有效地保持旺盛的发芽力和活力，从而确保播种价值。

一、玉米种子的贮藏特点

第一，原始水分一般较大，成熟度不均匀。各玉米产区在收获季节，由于天气等因素的影响，使玉米原始水分差别较大，玉米的成熟度也很不均匀，穗的顶部子粒成熟慢，含水量大，脱粒时容易损伤。

第二，玉米的胚大，呼吸旺盛。玉米胚部约占子粒体积的1/3，占粒重的10%～12%，组织疏松，含有较多的蛋白质、可溶性糖和脂肪，呼吸量大，呼吸强度为小麦的8～11倍，使得玉米在贮藏中易吸潮、生霉、发酸、发苦。

第三，玉米胚部含脂肪多，易酸败。玉米胚部含有整粒中77%～89%的脂肪，胚的脂肪酸值始终高于胚乳，酸败也首先从胚部开始。

第四，玉米胚部容易霉变。由于胚部营养丰富，微生物附着量较多，所以胚部是虫和霉菌首先危害的部位。胚部吸湿后，在适宜温度下，霉菌即大量繁殖，开始霉变。

二、玉米种子的贮藏方法

玉米贮藏有穗贮和粒贮两种方法。在我国北方地区，通常采用穗贮法。

1. 穗贮的方法

建玉米篓子，玉米篓子有长方形和圆形两种。长方形的底部要垫高 0.5～1 米，长度依贮量而定，宽 1～2 米，高 2～3 米；圆形底部垫起 0.5 米左右，直径 3～5 米，高 3～4 米，中间最好立通风筒。可用钢筋、砖、秫秸、木板做墙，用薄铁皮、石棉瓦做盖，建成永久性贮粮仓。

2. 粒贮的方法

子粒入仓前，把玉米水分降至 14%以内，采用自然通风和自然低温。自然通风，就是在秋、冬、春季，向温度高的粮仓引入干冷空气，使仓内玉米降温、散温；自然低温，仓内长年保持在 15℃以下，有利于玉米安全过夏及防治病虫害。

三、玉米种子贮存注意事项

1. 注意控制好种子含水量、发芽率

种子贮藏效果的好坏，很大部分取决于种子含水量。低温是种子贮藏的有利条件，但在北方寒冷的季节到来之前，种子只有充分晒干，才能防止冻害。入仓及贮藏期间，含水量要始终保持在 14%以下，种子方可安全越冬。如果玉米种子含水量过高，种子内部各种酶类进行新陈代谢，呼吸能力加强，严寒条件下，种子就会发生冻害，降低或丧失发芽能力。

北方玉米种子冬贮时间较长。因此在贮藏期间要定期检查种子含水量。如发现水分超过安全贮藏标准，应及时通风透气，调节温度、湿度，以免种子受冻或霉变。

2. 要有合理的贮藏方法，创造良好的贮藏环境

贮藏方法是否合理，直接影响贮藏效果。贮藏方法一般多以冷室贮藏为宜，也可在室外贮藏，但应注意防止雨雪淋浸。不论采取什么方法贮藏，都应把种子袋垫离地面 30 厘米以上，堆垛之间要留一定空隙。还应注意，在室外贮藏的种子，遇冷后不应再转入室内；同样在室内贮藏的种子不可突然转到室外。否则，一热一冷急剧变温，会引起种子冻害，降低种子发芽能力。

对仓储条件差的仓库要进行维修，种子仓库要做到库内外干净清洁，仓库不漏雨雪。室外贮藏不可露天存放在雨雪淋浸的地方。还要认真做好防虫、防鼠工作。新建的仓库在放置前也要进行消毒处理，杀灭在仓缝、地缝、板缝越冬的害虫。

3. 种子贮藏期间要进行定期检查

种子贮藏期间，应对其保存方法、含水量、温度、发芽率等情况进行定期检查。因种子冬贮时间较长，在整个种子贮藏过程中，种子自身的含水量受空气中的温度和湿度的影响，

都可能发生较大的变化。所以检查中应着重以下三个方面：一是检查种子是否受潮；二是检查种子是否被虫蛀鼠咬；三是定期检查种子的发芽率和发芽势。若发现问题，应查明原因，及时采取补救措施。

四、嫩玉米的保鲜贮藏技术

嫩玉米由于受季节性的影响，不能长期供应市场，如将采收的嫩玉米穗在常温下保鲜贮存至春节销售，可获得比较可观的经济效益。

1. 嫩玉米保鲜贮藏技术要点

（1）采收。嫩玉米穗花未干，子粒刚刚饱满而尚未固化，棒体子粒呈浆汁时即可采收（即乳熟期）。采收的嫩玉米穗应尽快使用鲜贮剂处理，防止自耗养分而降低风味。

（2）浸泡。浸泡的目的是让嫩玉米吸收鲜贮剂成分，护色护味。铁锅内注水，加温至100℃，按鲜贮剂与水 1∶250 的比例加入鲜贮剂，将玉米外皮扒掉，用筐筛成批放入锅内浸泡 2～3 分钟，不能煮熟，加火保持水温不低于 80℃，待色泽黄亮已半熟时，捞出。及时添加耗去的水分并添加鲜贮剂。灭菌后进行干制。

（3）贮存。制干的玉米应呈干瘪状，生物酶进入全休眠状态，要求干透方可入库。贮存于无阳光直射的房间，筐装、袋装均可，库房地面最好做防潮处理，撒上石灰粉，用砖铺通风洞，并注意防鼠，然后码放即可。

（4）复鲜。将贮存的玉米穗用清水清洗后，热水浸泡 40 分钟即复鲜成刚刚采收时的嫩状。因品种不同，需酌情掌握热浸时间。

2. 嫩玉米保鲜贮藏注意事项

（1）采收时，手指掐中部有浆液冒出为宜，不采用已老化虫蛀的玉米穗。浸泡越及时口感越好。尽量选用生育期长，品质优，口感好的品种。

（2）干制前要熏硫灭菌。干制可因地制宜进行，一般采用烘干，也可晒干。日光暴晒成本虽低，但要尽快进行，晴天应抓紧晾晒，夜间注意防潮，阴雨天应备有塑料布防雨和防蝇虫侵食。晾晒过程中夜间需进行灭菌，特别是前 3 天，必须熏硫灭菌防止空气中的霉菌感染造成霉变。干制期注意翻转穗体，防止可溶性物质随水溢出。争取 4 日内彻底干透，达到100％出品率。

（3）熏硫灭菌方法。浸泡后趁湿将嫩玉米穗尽量架空高堆，用塑料布封严，在塑料布帐内用千分之一硫黄（重量比）点燃，使之产生一氧化硫气体，进行灭菌。连续点燃数次，时间大约 12 小时。熏至玉米心发白后进行晾晒，正常熏蒸时间在第一天晚上和第三天晚上分两次进行。熏蒸时，切记严格密封不许漏气。阴雨天应增熏。

（4）如果保鲜的品种是普通玉米，在复鲜时，水中加入适量甜味剂和玉米香精再煮熟，其风味和新采收的一样。此时即使折断，其断面也和新采收时的相同。

第四节　大豆和大豆油贮藏

大豆种子成熟收获，经过清选加工后及时安全贮藏是确保大豆种子质量、搞好种子生产和营销的重要措施，也是农民增产增收的重要保证。在贮藏期间，由于种子易受自身的特性和外界的环境因素影响，容易发生种子劣变。种子劣变后表现为种子贮藏力下降，萌发及生长减缓，萌发整齐度下降，抗逆性能力下降，出苗率降低，不正常幼苗增加，种子失去萌发能力，严重影响农业生产安全。同时，大豆种子含有较高的油分和丰富的蛋白质，在高温、高湿、机械损伤及微生物的综合影响下，很容易变性，影响种子的生活力。因此，在贮藏大豆种子时，必须采取相应的技术措施，才能达到安全贮藏的目的。

影响大豆种子安全贮藏的主要因素是种子水分和贮藏温度。含水量18%的种子，在20℃条件下，几个月就完全丧失发芽率；含水量8%～14%的种子，在－10～2℃条件下贮藏10年后，仍能保持90%以上的发芽率。在普通贮藏条件下，控制种子水分是大豆种子安全贮藏的关键。

一、大豆种子的贮藏特性

第一，大豆吸湿性强，易生霉。大豆子粒种皮薄，发芽孔大，吸湿能力比小麦、玉米强。大豆吸湿返潮后，体积膨胀，极易生霉。开始是豆粒发软，种皮灰暗，泛白，出现轻微异味；继而豆粒膨胀，变形，脐部泛红，破碎粒出现菌落，品质急剧恶化。

第二，大豆易走油、赤变。经过高温季节贮藏的大豆，往往在两片子叶靠脐部位色泽变红，之后子叶红色加深并扩大，严重的发生浸油，同时高温高湿还使大豆发芽力降低。大豆走油赤变后，出油率减少，豆油色泽加深，做豆腐有酸败味，做豆浆颜色发红。

二、大豆种子的贮藏方法

1. 入库准备

（1）水分含量要降至贮藏标准。大豆种子的安全贮藏水分含量为12%，如超过13%，脂肪酸就会迅速增加，豆粒很快变软，就有霉变的危险。试验证明，大豆种子水分含量大于13%，库温达25℃时就会发生红变，丧失种用价值。为了控制大豆种子水分含量，通常应等到豆叶枯黄脱落、摇动豆荚互相碰撞发生响声时收割为宜；收获的大豆种子要及时进行带荚暴晒，当荚壳干透有部分爆裂时，再行脱粒，这样不仅可防止种皮发生裂纹和皱缩，而且也有利于大豆种子的安全贮藏。贮藏前要严格进行种子水分调试，对水分含量不达标的大豆种子必须进行充分晾晒，把含水量降到10%左右。一般选择晴朗微风天气及时摊晾。

（2）净度完好度要达到标准。大豆颗粒椭圆形或接近圆形，种皮光滑，散落性较大。此外大豆种子皮薄、粒大，干燥不当易损伤破碎。同时种皮含有较多纤维素，对虫霉有一定抵抗力。但由于大豆在田间易受虫害和早霜的影响，有时虫蚀高达50%左右。这些虫蚀粒、冻伤粒以及机械破损粒的呼吸强度要比完整粒大得多。受损伤的暴露面容易吸湿往往成为发生虫霉的先导，引起大量的生霉变质。所以清除杂质和破损粒、碎粒是安全贮藏大豆种子的重要措施。

（3）仓储条件达到标准。种子仓库要具备坚固、防潮、隔热、通风密闭等性能。种子入库前，必须对库房进行彻底清扫，所有的机械器具也必须彻底清理干净，并要进行熏蒸和消毒。

2. 入库管理

（1）避免高温入库。大豆种子含油分和蛋白高，导热率小，在高温下易引起变性。因此，大豆种子必须低温入库。特别是经过晾晒的大豆种子，必须先摊开冷却后，方可入库贮藏。一般可趁寒冬季节，将大豆转仓或出仓冷冻，使种温充分下降后，再进仓低温密闭贮藏。可利用经清洁、消毒处理后的草苫或麻袋压盖，压盖要平整、严密、紧实。种子低温密闭贮藏后除仓储保管人员定期检查外，要尽量减少库的开关次数。

（2）避开阴雨潮湿天气。种子入库前应进行科学安排，了解近期的气象信息，在条件具备情况下抓住晴朗干燥天气突击入库。无特殊原因，不要贻误时机，以免天气变坏。天气阴雨潮湿时禁止收购入库。

（3）不宜过高堆放。大豆种子贮藏，温度在15℃以下，含水量在12%以下时，堆放高度散堆以不超过1.5米，袋装以8个标准麻袋高为宜。若温度或水分有一项高于以上标准，堆放高度就要相应降低。垛与墙之间、垛与垛之间，都要合理安排间距，既要考虑空气流通，又要利于仓库保管人员定期进行库检。

（4）禁止与化肥或农药同库。贮存大豆种子要做到专仓专用，库内不能同时堆放化肥或农药等物品，以免产生挥发性气体进入种胚，造成大豆种子活力的丧失。

3. 贮期管理

（1）适时通风。刚收获的大豆种子入库后，由于有后熟过程，会放出大量湿热，如不及时散发，就会引起种子发热霉变。因此，种子入库21～28天时，要经常、及时观察库内的温度、湿度变化情况。一旦发现温度过高或湿度过大，必须立即进行通风散湿，必要时要倒仓或倒垛，以防止其出汗发热等异常情况的发生。

（2）防治害虫。大豆种子贮藏期间的害虫主要是谷蛾与粉斑螟蛾。防虫措施是将粮面扒平，紧压1层竹席或经消毒的麻袋，防止蛾类在春暖后交配产卵繁殖危害。若已生虫，少量种子可过筛除虫或使用药剂熏蒸，即用小碟盛敌敌畏，用报纸垫底，置于粮面上，加盖密封蒸72小时以上，杀虫率达100%。大批种子可用熏仓法治虫。

三、大豆油的贮藏

近年来，随着制油技术、贮藏方法的不断改进，人们得到了优质的食用油，可是一旦用做家庭用油和其他业务用油就发生各种问题，特别是油脂的变质问题。油脂一旦变性，不仅风味变差，而且营养价值也降低。

大豆油在日常的贮藏过程中，容易受到油脂本身所含水分、杂质及环境空气、光线、温度等诸多因素的影响而酸败变质。因此，贮藏大豆油必须尽量减少其中的水分和杂质含量，贮藏在密封的容器中，放置在避光、低温的场所。通常的做法是，油品入库或装桶前，必须将器具洗净擦干，同时认真检验油品水分、杂质含量等，符合安全贮藏要求的方可装桶入库。通常，大豆油中水分、杂质含量均不得超过 0.2%，桶装油品不宜过多或过少。装好后，应在桶盖下垫以橡皮圈或麻丝，将桶盖拧紧，防止雨水和空气侵入。同时每个油桶上要及时注明油品名称、等级及装桶日期等，以便分类贮存和推陈出新。桶装油品以堆放仓内为宜，如需露天堆放，桶底要垫以木块，使之斜立，桶口平列，防止桶底生锈和雨水从桶口浸入；高温季节时要搭棚遮阴，以防受热酸败；严冬季节在气温低的地区，无论露天或库内贮藏，都要用稻草、谷壳等围垫油桶，加强保温，防止油品凝固。

第五节　花生的贮藏

花生是一种地下结果的大颗粒作物，在收获和贮藏上具有许多与其他作物种子不同的特殊要求。花生的适期收获和安全贮藏是一项技术性较强的工作，事关花生的高产和优质。因此，应切实认真地做好花生的贮藏。

一、花生的贮藏特性

第一，花生吸湿性强，容易霉变。花生含有丰富的蛋白质等亲水性物质，吸湿性强。新收获的花生含水量在 30%以上。若干燥不及时、彻底，或在贮藏中大量吸取水分，则极易霉变。霉变先从破损粒、未熟、生芽和冻伤粒开始，并逐渐扩展蔓延。花生的霉变与含水量及贮藏温度有关，若含水 10%以上，温度在 20℃左右，花生仁即可发热生霉，明显的症状是皮色变深变暗，子粒发软。一般先在种堆表层以下 15～40 厘米出现，如发现不及时或处理不得当，则会使霉变范围扩大。

第二，花生受热变质，走油酸败。花生仁含油达 50%，容易受高温、潮湿而氧化，导致脂肪变质变色，走油酸败变哈，出油率降低。花生果水分在 10%，温度升到 30℃即能发生走油变质，水分、温度越高，变质就越快。走油变质的花生仁种皮色泽变暗、变深，容易脱皮。子叶由乳白色逐渐变得透油如蜡状，食味逐渐劣变。花生变质走油多发生在7～9月，温度在30℃以上的高温季节。但若贮藏温度低到0℃以下，花生则会遭受冻伤。受冻的花生皮色深暗，子粒变软，有酸败气味，含油量下降，丧失发芽力，品质劣变，失去食用价值和经济价值。

二、花生的贮藏方法

1. 干燥防霉

花生收获后应及时进行干燥，以降低含水量。花生仁不宜在烈日下直接暴晒。若采用日晒，直射热不宜超过25℃，否则贮藏中易脱皮、浸油。应搭棚晾干，避免日光直射。在干燥降水的同时，应结合用风扬，筛选除去杂质和破碎粒、瘪粒等，以减少霉菌滋生。

花生果多散装贮藏，保藏期间要严格控制水分和温度。水分在28℃以内能安全贮藏，若水分含量高应及时趁冬季摊晾通风降水。

2. 低温密闭

若需长期保存，应在冬季通风降温，干燥至水分含量在8%以下，采取低温密闭，不仅可减少外界温、湿度的影响，提高贮藏的稳定性，还可防止鼠害和虫害。一般温度不超过20℃，在安全水分以下脂肪变质、变味、浸油变色等问题可以得到缓解。实践表明，用河沙压盖密闭保存花生，从4月贮藏到7月，其品质比通风贮藏的好。这是因为，在密闭条件下，低氧或缺氧的条件环境能有效地抑制花生的呼吸强度与霉菌活动，还可杀灭害虫，防止潮湿，达到安全贮藏的目的。

3. 防治虫害

花生贮藏中易遭鼠虫危害，害虫有印度谷蛾、拟谷盗、锯谷盗等，多集中在表层30厘米左右。用干燥低温、密闭缺氧的方法贮藏，再加磷化铝药剂熏蒸处理，都可对鼠害、虫害进行有效防治。

第六节　马铃薯的贮藏

马铃薯富含蛋白质、维生素及钾、锌、铁等微量元素，不仅是传统的粮、菜兼用作物，而且是重要的轻工业原料和良好的饲料。近年来，随着人们对马铃薯营养价值的日益重视以及加工业的蓬勃兴起，大力发展马铃薯产业，是发展农村经济、增加农民收入、改善农民生活，使农民脱贫致富的有效途径。

然而，由于马铃薯种植面积的增加，单位面积用种量大，远距离运输成本高；同时，马铃薯的销售和加工受季节的影响很大，需长期贮藏，一旦贮藏方法不当，就会引起马铃薯品质下降、腐烂，甚至烂窖现象时有发生，造成了极大的损失。因此，采用科学的方法贮藏马铃薯，对避免块茎腐烂、发芽现象蔓延，降低贮藏期间的自然损耗显得尤为重要。

一、马铃薯贮藏特点

1. 马铃薯不同生理阶段的特点

（1）后熟期。这个时期一般处在贮藏初期。新收获的马铃薯块茎尚未充分成熟，生理年龄不尽相同，大都需要经过一定时间才能达到成熟，一般需要经过 15～30 天后熟，然后转入休眠状态。此时的特点是块茎呼吸旺盛，放出大量的水分、二氧化碳，同时放出较多的热量，重量减轻；外观表皮伤口愈合，形成木栓层和伤口周皮渐木栓化变硬。这层组织能阻止氧气进入块茎，防止水分损耗和各种病菌的侵入，增加保护作用。后熟期过后马铃薯的呼吸作用由旺盛转为微弱平稳。

（2）休眠期。后熟阶段完成后即进入休眠期，处于休眠期的马铃薯块茎幼芽处于相对稳定不萌发状态，特点是生理活动微弱，利于贮藏。休眠期的长短因品种、块茎成熟度及环境条件等而不同，一般为 2～4 个月，这个时期分为自然休眠和被迫休眠两种情况。其中被迫休眠是由于外界环境条件不利于芽的萌动和生长，仍继续处于休眠状态。通常，充分成熟的块茎较幼嫩块茎休眠期短，生长后期干旱者休眠期缩短。0.5～2℃的低温能显著延长其休眠期。马铃薯的贮藏主要是利用这些特性进行。人为地控制好温度等外界条件，可以促进其迅速地进入休眠，延长被迫休眠，满足种用、食用和加工的需要。

（3）萌发期。马铃薯通过休眠期后，在适宜的温湿度下，幼芽开始萌动生长，萌芽消耗块茎中的水分和营养物质，块茎重量明显减轻，而且块茎内龙葵素含量提高，对食用和加工用品质有严重影响，应注意调控环境条件抑制其萌发。特点是块茎重量减轻程度与萌芽程度成正比。作为食用和加工的块茎要采取措施防止发芽，喷抑芽剂，在薯块伤口愈合后至萌芽之前，即入库 1 个月内，用有效成分 49.65％的气雾剂进行抑芽处理，剂量约为 60 毫升/吨，浓度约 130 毫克/升，按贮藏期不同适当调整浓度，用药后密封 24～48 小时即可。

2. 生产过程中马铃薯的贮藏特点

（1）易感染病害。马铃薯块茎皮薄、肉嫩、水分含量高（约 75％左右）、淀粉含量高（15％～25％）、易转化为可溶性糖、易碰伤，因而不利于长期贮藏，易受病原菌侵染而腐烂。常见的病害是真菌性的干腐病、晚疫病、细菌性的软腐病和环腐病。

（2）怕热怕冷。马铃薯块茎，对温度十分敏感，既怕热又怕冷，如果长时间处于 6℃以上，块茎呼吸增强，淀粉转化为可溶性糖的速度加快，渡过休眠期的块茎开始发芽，病害迅速蔓延，腐烂加重。如果低于 0℃以下，块茎受冻，块茎内皮层部分的薄壁细胞受到破坏，块茎脱水萎缩，失去加工或种用的实用价值。受冻块茎正常的新陈代谢因受到强烈干扰，呼吸增强，为健薯的 2～3 倍，抗病力减弱，低温性病菌乘虚而入，在温度上升时，迅速腐烂。

（3）怕干怕湿。马铃薯块茎在窖内湿度过低时，块茎水分损失严重，重量损失过大，块茎变软甚至皱缩，同时有利于干腐病的发生。窖内湿度过饱和，又会引起窖顶滴水，滴在薯块上，导致病菌繁殖，发生腐烂。因此，窖内温度应控制在 3～5℃、相对湿度 85%为宜，并保持稳定，避免骤升骤降。骤然降温，不但容易结露，而且使薯块代谢受到干扰，易于腐烂。

(4) 怕闷。马铃薯入窖后，长时间不通气，CO_2 逐渐累积，易使薯块受闷。受闷的马铃薯块茎，细胞组织麻醉中毒，抗病力减弱，日久也会引起腐烂，特别容易引起薯块的黑心，因此贮藏中应注意 CO_2 的浓度。

二、马铃薯贮藏的方法

1. 埋藏

马铃薯喜阴凉，挖出后应放阴凉处 20 天左右，待表皮干燥后埋藏。通常是挖宽 1～2 米、深 1.5～2 米的土坑（长度不限），底部垫一层干沙，然后是一层薯块一层干沙（30～40 厘米厚的薯块覆 5～10 厘米厚的干沙），埋三层，表面盖上稻、麦草，再覆土 20 厘米，中间竖一小捆高粱秆通风，严冬季节增加盖土厚度。

2. 窖藏

窖藏的薯块在收获、搬运和入窖过程中，应避免损伤薯皮。入窖前，要堆晒薯块，剔除病薯、烂薯和损伤重的薯块，并对窖内进行严格的消毒灭菌，晾窖 7～8 天，以降低窖内温度。西北地区多用井窖或窑窖贮藏，贮藏量可达 3 000～3 500 千克。由于只用窖口通风调节温度，在入窖初期不易降温，因而薯块不可装得太多，一般装到窖内容积的 1/2，最多不超过 2/3。注意启用窖口通风，保持窖温在 2～40℃，相对湿度 95%左右，可保证薯块不发生冻害，不生芽。东北地区多用棚窖贮藏，其规格与大白菜棚窖相似。由于马铃薯的贮藏温度高于大白菜，因而要求窖深加深，窖顶覆盖增厚，窖内薯堆高度不超过 1.5 米，以免入窖初期堆内温度增高，容易萌芽腐烂。窖藏马铃薯的薯块表面易出汗，严冬时，可在薯堆表面铺放草苫，转移出汗层，防止萌芽腐烂。入贮后一般不再翻动，但在东北地区南部因窖沿较高，贮藏期较长，可酌情翻动 1～2 次，剔除烂薯以防蔓延。

3. 筐藏

将薯块装入消毒筐（每筐 25 千克），以顶层薯块距离筐边沿 3～4 厘米为度。每三筐一排，码成垛，行间距 1 米，使空气易于流通。入库一周内，每天用风机排换气 2～3 次，至薯块表皮干燥为止。送风时，使库温保持在 1～2℃，防止温度太低，引起生理失调及低温伤害，使细胞组织产生褐变。一般可贮藏 7～8 个月。

4. 萘乙酸甲酯保鲜贮藏

萘乙酸甲酯是一种挥发性的化学抑芽剂，用 150 克纯萘乙酸甲酯掺和 12.5 千克细沙土搅拌均匀，撒在薯块上，将处理过的薯块用袋或筐装，放在通风干燥的库房贮藏。贮到第二年春天薯块极少发芽，而且操作方便，也不影响薯块品质。

三、马铃薯贮藏过程常见病害及防治措施

1. 马铃薯贮藏期常见病害

马铃薯贮藏期病害病源不同，类别不一，发病的症状特点也不一致。

（1）干腐病。开始时薯块表皮局部颜色发暗，变褐色，以后病部略微凹陷，逐渐形成褶叠，呈同心环纹状皱缩，后期薯块内部变褐色，空心，空腔内长满菌丝，最后薯肉变为灰褐色或深褐色，僵缩，变轻，变硬。

（2）软腐病。发病初期薯块表面出现褐色病斑，很快颜色变深，变暗，薯块内部逐渐软腐，条件适宜时，病薯很快腐烂，干燥后薯块呈灰白色粉渣状。

（3）环腐病。初期时薯块表面无明显症状，贮藏一段时间后，症状逐渐明显，皮色稍暗，有时芽眼发黑，有的表面龟裂。剖切病薯块，可见维管束呈乳黄色或黄褐色的环状区域，重者可连成一圈，以手挤压，沿黄色维管束部分溢出乳黄色黏液（菌浓）。重病薯块病部变黑褐色，用手挤压薯皮与薯心易于分离。

（4）黑心病。发病薯块表面症状不明显，质地不变软，薯块内部颜色变深，变暗，呈黑褐色略显放射状的病斑。

2. 防治措施

马铃薯贮藏期病害，应以预防为主，从大田收获，入窖和贮藏等把住各个关键环节，进行综合防治。

（1）种植无病种薯，建立无病留种基地，因地制宜选育综合抗病良种。对于环腐病应在播种时进行切刀消毒，避免切刀传病。

（2）加强田间管理，增施磷肥和钙肥，增强抗病性。生长后期要加强检查，及时拔除病株。防治地下害虫，减少传病机会。

（3）注意按时收获，在土壤温度低于 20℃时收获，降低侵染概率。收获时尽量避免薯块机械碰伤，减少侵染通道。

（4）控制贮藏条件，收获后晾晒 1～2 天，待薯块表面干燥后入窖贮藏。入窖时剔除病伤薯块，小堆贮藏。贮窖内初期温度控制在 13～15℃保持两个星期，促进伤口愈合。以后降低窖温保持在 1～4℃控制发病。注意保持通风干燥，避免薯块表面潮湿和窖内缺氧，减少发病。

知识链接——不同类型马铃薯的贮藏要点

（1）商品薯的贮藏。商品薯一经光线照射，块茎内的龙葵素含量会增加，薯皮变绿，从而降低食用品质。为此，商品薯应在黑暗条件下贮藏，温度控制在2～4℃。商品薯对贮藏条件的要求是保持块茎的新鲜，不变质，不变味，少失水为佳。

（2）加工薯的贮藏。不论是工业加工用还是炸片、炸条等食品加工用的马铃薯，均不宜在低温下贮藏。在4℃以下贮藏时，淀粉容易转化为糖，还原糖含量的增加将严重影响加工品质，致使加工产品颜色加深，质量下降。因此，加工薯贮藏温度应保持在7～12℃。加工薯对贮藏环境的要求是保证块茎淀粉含量的稳定，避免低温冷害，以免淀粉转化成糖。

（3）种用薯的贮藏。种用薯的贮藏与商品薯一样要求黑暗低温条件，温度控制在2～4℃，相对湿度在85％～90％。但种薯必须与商品薯分开贮藏，以免在贮藏过程中发生病虫害侵染，使种质下降。另外，贮藏期间要注意适量通风，保证块茎有足够氧气进行呼吸。种用薯对贮藏环境的要求是在不改变种薯的发芽能力的前提下，少传播病虫害和避免种性的混杂。

思考题

1. 简述稻米的贮藏方法。
2. 简述面粉的贮藏方法。
3. 简述鲜玉米的贮藏保鲜方法。
4. 简述大豆种子的贮藏特性及大豆油的贮藏方法。
5. 简述花生的贮藏特性及贮藏方法。
6. 简述马铃薯贮藏期常见病害及防治措施。

第三章　果蔬贮藏

果蔬含有人类生活所需要的多种营养物质，但其生产却存在着较强的季节性、区域性及果蔬本身的易腐性，这对广大消费者的生活需求产生了局限性。为了保持新鲜果蔬的优良品质和营养价值，尽可能长时间保持果蔬的天然品质和特性，人们开始了对果蔬贮藏保鲜技术的研究，即在不影响果蔬正常代谢的前提下，针对果蔬采后的生理学特点，采用适当的方法来减弱果蔬的呼吸和蒸发等生理活动，延缓其衰老，并控制病虫害的发生和感染，从而长时间地保持果蔬的品质。

第一节　果品贮藏

果品的生物学特性是贮藏保鲜的基础，对贮藏产生一定的影响。而果品的种类繁多，不同种类的果品在生长发育过程中生理、生化性质方面各不相同，所以搞好果品的贮藏保鲜，首先要根据各种果树的生物学特性，选择优良的品种给予适宜的栽培条件，以获得优质、耐藏的产品。其次是搞好采收、运输、商品化处理以及贮藏管理等各项工作，才能取得延缓衰老、降低损耗、保持质量的效果。

一、仁果类水果的贮藏

仁果类水果包括苹果、梨、山楂、枇杷等，其贮藏方法基本相同。在此，以苹果为例讲解其贮藏方法。

苹果作为我国第一大水果，具有营养丰富，色、香、味具佳等特点，多用于食品和鲜食加工。又因为苹果的产量高、品种多、供应期长，所以搞好苹果的贮藏保鲜，对于我国经济的发展具有重要的意义。

1. 品种特性

我国苹果品种较多，由于遗传性不同，不同品种的贮藏性和商品性状也各不相同。苹果分为早熟品种（6—7 月成熟）、中熟品种（8—9 月成熟）和晚熟品种（10 月以后成熟）。早熟品种有红魁、祝光、丹顶等，早熟品种采后呼吸旺盛，内源乙烯产生量大，并且很快过熟，肉质绵软，甚至腐烂，所以表现为不耐贮藏，只能短期存放，故采后以鲜销为主。中熟品种有元帅系、金冠、嘎拉等，中熟品种贮藏期优于早熟品种，常温下可贮藏 2 周，冷藏条件下可贮藏 2 个月，气调贮藏时间更长，但仍不能长期贮藏，所以仍以鲜销为主。晚熟品种有红富士、小国光等，晚熟品种呼吸水平低，乙烯产生晚且量较少，所以具有风味良好、肉质脆硬、耐贮藏等特点，常温贮藏一般可达 3～4 个月，冷藏或气调贮藏条件下可达 5～8 个月，故是远销和出口的主要品种。

2. 贮藏条件

适宜的贮藏条件主要是以有效地抑制后熟和微生物的生长、危害等为目的。

(1) 温度。苹果最适宜的温度范围极小，因为温度升高 2～3℃将会使果实成熟加速。例如在 4.4℃时苹果的后熟作用要比在 0℃时快 1 倍，在 9℃时要比 4.4℃时快 1 倍，在 21℃时要比 0℃快 8 倍，所以苹果在采收后要在 1～2 天内冷却贮藏。大多数品种的贮藏最适温度为－1～0℃，但有的品种对低温比较敏感，如红玉，故建议贮藏适宜温度为 2～4℃。

(2) 湿度。贮藏中的果实和生长中的果实一样，都在不断地进行水分蒸发。生长中的果实蒸发的水分，可以通过根系吸收得到补充，而贮藏期的果实因水分得不到补充而萎蔫，穗梗干枯，果皮皱缩。所以较高的湿度会使果实水分的蒸发大量减少，保持果实新鲜饱满，但是，湿度过高也会发生裂果和微生物生长的危害，所以苹果在贮藏时要选择适宜的湿度。在低温条件下一般采用较高的相对湿度，通常为 90%～95%，常温条件下贮藏时相对湿度应保持在 85%～90%。

(3) 气体。贮藏环境中气体的组成，不仅对果实的呼吸有抑制作用，还能延缓果实后熟、衰老和变质。其中 O_2、CO_2 和 C_2H_4 的含量对于苹果的贮藏效果有明显的作用，因为在缺 O_2 或 CO_2 浓度过高时，苹果的厌氧呼吸增多，使乙醇和乙醛等物质累积，会伤害果实，同时还会抑制果实内乙烯的生成，进而抑制了乙烯的催熟。所以对大多数苹果品种来说，适宜的气体组成为 2%～5%O_2 和 3%～5%CO_2。苹果部分品种的贮藏条件和贮藏期见表 3—1。

表 3—1　苹果部分品种的贮藏条件和贮藏期

品种	温度（℃）	相对湿度（%）	O_2（%）	CO_2（%）	贮藏期（月）
元帅	0～1	95	2～4	3～5	3～5
红星	0～2	95	2～4	3～5	3～5
金冠	0～2	90～95	2～3	1～2	2～4
旭	3.5	90～95	3	2.5	2～4
红玉	2～4	90～95	3	5	2～4
橘苹	3～4	90～95	2～3	1～2	3～5
赤龙	0	95	2～3	2～3	4～6
老特兰	3.5	95	3	2～3	3～5
国光	－1～0	95	2～4	3～6	5～7

续表

品种	温度（℃）	相对湿度（%）	O_2（%）	CO_2（%）	贮藏期（月）
富士	−1～1	95	3～5	1～2	5～7
香蕉	0～2	90～95	2～4	3～5	4～6

3. 贮藏方法

苹果的贮藏方法有很多种，有沟藏法、窖藏法、通风库贮藏、冷库低温贮藏法、大帐气调贮藏法、塑料薄膜袋小包装气调贮藏法、硅窗气调袋贮藏法等。其中沟藏法和窖藏法的贮藏期较短，而冷藏和气调贮藏的贮藏期较长。下面对几种贮藏法做详细介绍。

（1）沟藏法。沟藏法多用于北方晚熟苹果的贮藏，贮藏初期（11～12 月）为降低贮藏环境的温度，可在白天用草帘覆盖遮阴，晚上揭开草帘通风降温。贮藏中期（1～2 月）是全年温度最低的时期，在贮藏过程中要随气温的下降，加厚覆盖层。贮藏后期（2 月以后）由于气温升高，可逐渐撤去覆盖物进行通风换气。

（2）机械冷库贮藏。机械冷库贮藏法不受气候条件的影响，可实现常年贮藏，且有良好的贮藏保鲜效果，因此是目前世界应用最广、效果比较理想的贮藏方法。苹果在采后应尽快冷却保鲜，采后 3 天内即入库，入库后 3～5 天内温度要降至贮藏要求的标准。

（3）气调贮藏。调节气体成分通常是调节贮藏环境中 CO_2 和 O_2 的浓度及比例并保持稳定，因为高浓度的 CO_2 和低浓度的 O_2 不仅可以抑制乙烯的生成，还降低了果实的呼吸强度，从而可延长果实的贮藏时间。对于大多数苹果品种，O_2 浓度在 2%～5%，CO_2 浓度在 3%～5%比较适宜。

二、浆果类水果的贮藏

浆果类水果很多，如葡萄、草莓、杨桃等，葡萄是其中比较有代表性的水果，下面将以此为代表，介绍具体的贮藏方法。

葡萄，又称提子，属落叶藤本植物，浆果多为圆形或椭圆，色泽随品种而异。人类在很早以前就开始栽培这种果树，几乎占全世界水果产量的 1/4。葡萄的种类繁多，全世界有 8 000 多种，我国有 500 种以上。在我国长江流域以北各地均有生产，主要产于新疆、甘肃、山西、河北、山东等地。主要品种有龙眼、马奶子、贵人香、巨峰等。

1. 品种特性

葡萄是耐藏的浆果之一，品种之间耐藏性差别很大，其中红色品种比白色品种耐藏，晚熟品种强于早、中熟品种，深色品种强于浅色品种。耐藏品种通常表现为晚熟、皮厚、果肉致密、果面富集蜡质、穗轴木质化程度高、糖酸含量高等特征。如龙眼、玫瑰香、巨峰二次果、新玫瑰、甲斐路、大保、红富士、黑提、红提等较耐贮藏。其中龙眼、新玫瑰、甲斐路及巨峰二次果、黑提、红提的贮藏期为 7～8 个月，玫瑰香、大保、黑奥林的贮藏期为 5～

6个月，巨峰、红富士可贮藏3～4个月。葡萄在贮藏过程中易发生果梗干枯、掉粒、腐烂的现象，因此，贮藏环境中的保湿、低温、防腐是葡萄贮藏的关键。

葡萄主要由浆果、穗轴和果梗三部分组成，通常认为整穗葡萄属非呼吸跃变型果实，在果实采摘后呼吸呈下降趋势。但近年来的研究表明，浆果属于非呼吸跃变型，而穗轴和果梗属于呼吸跃变型，在相同的温度下穗轴和果梗的呼吸强度比浆果高10倍以上，且出现呼吸高峰，所以为更好地使葡萄贮藏保鲜，主要是要控制穗轴和果梗的衰老。

2. 贮藏条件

（1）温度。贮藏温度是影响葡萄耐藏性的主要因素，因为适当的低温不仅可以降低果实的呼吸强度，还可以抑制酶的活性，减少果实水分蒸发，从而延缓果实的衰老。大多数葡萄品种适宜的贮藏温度为－1～0℃。

（2）湿度。与苹果、梨等水果相比，葡萄在贮藏过程中更容易失去水分，高湿度有利于葡萄保水、保绿，但却易引起霉菌滋生，使葡萄腐烂；低湿度虽可抑制霉菌，但易使葡萄果皮皱缩，穗轴和果梗干枯，所以在贮藏葡萄时要采用适宜的湿度，一般控制相对湿度在90％～95％为宜。

（3）气体。贮藏环境中的气体成分直接影响着果实的呼吸代谢，适当提高贮藏环境中的CO_2浓度和降低O_2的浓度，可以有效地降低浆果的呼吸作用，延缓浆果的衰老过程，并能明显抑制霉菌的生长和蔓延。葡萄贮藏环境中的适宜气体组成为$O_2$2％～5％、$CO_2$3％。

3. 贮藏方法

现代化的贮藏多用气调和冷藏，其设备较为复杂，而广大农村当前主要采用简易的贮藏方法，如窖藏、缸藏、二氧化硫熏蒸贮藏以及微型冷库贮藏等多种贮藏方法。

（1）窖藏。窖藏是北方各葡萄产区应用较广的一种贮藏方法。葡萄窖藏的具体方法是：葡萄采后在阴凉处预冷2天，待窖温降至5℃以下时再将葡萄入窖贮藏。葡萄入窖后要立即用硫黄熏蒸，每立方米容积用硫黄2～3克，点燃后密闭熏蒸30分钟。以后每隔10天熏蒸1次。当窖温降至0℃左右时，可每隔1个月熏蒸1次，硫黄用量可以减半。贮藏过程中要控制窖内温度、湿度。一般入窖的初期由于外界气温较高，可采用通风措施。入冬后气温下降，可采用昼通夜闭的方法，保持窖内温度在0～2℃。相对湿度在80％～90％为宜，湿度不足时可在地面喷水保湿。

（2）冷藏法。葡萄在采收后立即浸泡在100毫克/千克的萘乙酸溶液中，浸泡15秒，沥干后装入0.07毫米厚的聚乙烯薄膜袋中，贮藏温度为－1～0℃，并保持温度稳定。

（3）气调贮藏。此方法是将已剔选、预冷的葡萄装入内衬0.06毫米厚塑料袋的纸箱里，在箱里装入乙烯吸附剂和SO_2发生剂，控制贮藏环境中的温度为－0.5～1.0℃、相对湿度为75％～95％。

三、柑橘类水果的贮藏

柑橘在我国南方各省普遍生产，是我国的主要水果之一。柑橘种类和品种繁多，鲜果供应期长，自秋季至次年的夏季都可上市。地区、气候条件和品种等情况的不同，使柑橘的采收期也不同。对于不同成熟期的品种，结合柑橘的贮藏保鲜技术，可显著延长鲜果的供应期。

1. 品种特性

柑橘属浆果类，果形呈球状，外果皮较厚，内果皮是白色海绵状结构，有一定的弹性，可减少冲击力。柑橘类果实属非呼吸跃变型水果，在果树上成熟的时间相对较长，其成熟变化的过程不如呼吸跃变型果实那样急剧。果实在成熟期间发生的化学变化主要是糖分和可溶性固形物逐渐增多，有机酸减少，叶绿素消失，类胡萝卜素形成。而这些变化不仅影响该品种的商品特性，也影响果实的耐贮性。柑橘类果实的可溶性固形物、糖和酸的含量因种类和品种而异，不同种类和品种间的固形物含量范围为 5%～15%，柠檬酸含量范围为 0.3%～1.2%。在贮藏过程中，柑橘果实由于呼吸作用的消耗，糖和有机酸的含量会不断减少，而酸的含量下降较为明显。

知识链接——果实的呼吸跃变及其利用

呼吸跃变是指某些肉质果实从生长停止到开始进入衰老期间，其呼吸速率突然升高，出现一个呼吸高峰。苹果、香蕉、番茄、鳄梨、芒果等均具有上述特征，故称跃变型果实。柑橘和柠檬等不表现呼吸速率显著的上升，故称非跃变型果实。

知道这个规律后，就可以利用它进行果实贮藏和运输，特别是对于呼吸跃变型果实而言。呼吸跃变在出现时或出现之前，果实内部乙烯（促进果实成熟的激素）的形成量也急剧升高。为了商品的需要，可以用乙烯释放剂促其提前到来，促进成熟。也可以用低温、高二氧化碳浓度、低氧浓度等条件处理果实，减弱呼吸作用，延缓乙烯的产生，从而延长果实的贮藏时间。

2. 贮藏条件

（1）温度。柑橘属亚热带水果，由于其生长发育是在高温多湿的气候环境中，所以对低温较为敏感，不同种类和品种的柑橘，对低温的敏感性差异较大，其中最不耐低温的是柠檬和葡萄柚，它们适合的贮藏温度是 10～15℃；其次是柚、柑，它们适合的贮藏温度是 5～10℃；橘和甜橙类一般较耐低温，适合的贮藏温度为 1～5℃；而宽皮橘类中有的柑不耐低温，如广东的椪柑，适合的贮藏温度为 10～12℃。

柑橘贮藏温度过低容易发生冷害。其中水肿病就是由于贮藏温度过低和 CO_2 浓度过高引起的一种贮藏生理病害，且病害随贮藏时间的延长而加重。根本的解决办法是根据柑橘不同种类和不同品种对低温的敏感程度，严格控制环境温度和贮藏时间。据研究表明，甜橙在 1～3℃的温度下贮藏 4 个月不会发生水肿病；而焦柑在 4～6℃时贮藏 3 个月即会出现水肿病。因此认为，甜橙在1～3℃、焦柑在7～9℃的温度下贮藏比较适宜。

（2）湿度。橙类适宜贮藏在相对湿度较高的环境中，如湖南黔阳县用地下仓库贮藏甜橙，相对湿度保持在95%左右，四川南充地窖贮藏甜橙，相对湿度为95%以上，都获得了较好的贮藏效果。同时在湿度较高的环境下贮藏时，也要注意对病菌的控制。对于宽皮橘类果实，在高的湿度环境中容易发生枯水现象，主要的解决办法是抑制果皮的代谢活动，故一般采用较低的相对湿度，以80%～85%的相对湿度为宜。同时在贮藏前也可先进行“发汗”预处理以防止枯水发生，即在防腐处理之后就先让果皮蒸发部分水分，失重范围在2%～4%为宜。此外，对宽皮橘如椪柑还可以在采收前2周用10～15毫克/升赤霉素喷果，有一定的效果。

（3）气体。许多研究结果表明，气调贮藏对柑橘类水果有不良影响。适合苹果贮藏的气体成分并不适用于甜橙，反而会引起甜橙的果皮损伤，果肉异味和腐烂，如低浓度的CO_2（2.5%～5%）对风味有不良影响，尤其是与5%～10%O_2结合时效果更差。而贮藏在5%～8%O_2中虽可减少柠檬的腐烂和延缓变色，但是，柠檬在O_2浓度低于3%、CO_2浓度高于10%下贮藏一段时间，会对风味产生不良的影响。根据华南农业大学的研究，焦柑在不致使其发生水肿病的贮藏温度（7～9℃）下，贮藏环境中CO_2浓度在3%以上，经过两个半月的贮藏也会出现水肿病，椪柑贮藏在1～3℃或4～6℃下可发生水肿病，如果再加上用塑料薄膜袋包装，水肿病会出现得更早而且更严重。所以贮藏环境中CO_2浓度偏高也是水肿病的致病原因之一。

然而也有一些关于气调贮藏效果好的报道，这可能是跟品种的差异和气体的比例有关。如伏令夏橙在15%O_2、无CO_2和1.1℃条件下贮藏12周，再放在21.1℃的空气中存放1周，可使其风味和品质比贮藏在其他空气组合或正常空气中要好。

3. 贮藏方法

根据各地的条件与习惯、贮藏期长短和市场需求的不同，目前我国主要采用常温贮藏、低温贮藏、留树贮藏等方式。

（1）常温贮藏。常温贮藏是目前我国柑橘贮藏较为普遍的贮藏方式，包括通风库贮藏、窖藏等，贮藏期可达到3～5个月。

1）通风库贮藏。通风库是利用冷热空气的对流作用来保持室内较低和较为稳定的温度，它能有效地利用冬季自然低温及昼夜温差的变化。详见第一章。

2）窖藏。适于贮藏的果实需经药物处理，适度风干之后才可入窖贮藏。地窖的相对湿度较大，温度稳定，CO_2含量稳定，从而形成了一个比较适宜甜橙贮藏的环境。而且该方法的成本较低，建窖方便，对农户分散贮藏较为适用。用于窖藏的甜橙新鲜饱满，发生贮藏病害程度低。

（2）低温贮藏。低温贮藏的关键是控制适宜的低温和湿度，同时注意通风换气。柑橘类水果低温贮藏条件详见表3—2。

表 3—2　柑橘类水果低温贮藏条件

品种	贮藏温度/℃	相对湿度/%	贮藏期/月
化州橙	1～3	90～95	4
伏令夏橙	1～3	90～95	4
甜橙	1～3	90～95	4
焦柑	7～9	80～90	4
柑	10～12	80～90	4

（3）留树贮藏。一般在冬季气温较高的地区有6年以上树龄的果树可采用此种方法。即在柑橘基本成熟时，将赤霉素和氯化钾等喷洒于树体上，并加强栽培管理，施加肥料以提高果树的抗寒能力。

4. 常见贮藏病害

（1）褐斑病。该病多发生在果蒂周围，果皮出现不规则的褐斑，随着贮藏期的延长病斑逐渐扩大，颜色加深，病斑处油胞破裂，下陷干缩，但一般只涉及果皮，严重时会影响风味。

（2）枯水病。果实在生长发育过程中因气候因素的影响如久旱遇雨、温度过低，或贮藏环境中的湿度过高会引起枯水病。枯水病表现为果皮饱满新鲜或果皮发泡，皮肉分离，汁胞失水干缩，囊瓣壁变厚、硬，呈白色。严重时失去柑橘风味，食之如败絮，完全失去食用价值。

（3）水肿病。水肿病多发生于宽皮柑橘类，甜橙较少发生，发病初期其外观与正常柑橘无明显差异，但果皮无光泽，手捏有软绵感，果皮浮肿与果肉分离，严重时果皮变成褐色，果肉变味。贮藏期间温度过低，或二氧化碳浓度过高时，容易出现此病。

四、核果类水果的贮藏

核果类水果主要有桃、李、杏、樱桃等。在此，以桃为例，讲解贮藏方法。

1. 品种特性

在我国栽培的桃的品种有很多，主要分为北方品种群、南方品种群、黄桃品种群、油桃品种群等。桃因为果肉质软、果皮薄，所以保护性差，极易受到机械损伤。而且桃的成熟期正值高温季节，果实易发生腐败变质，在低温条件下冷藏又易发生冷害，所以桃很少用来贮藏。就不同品种而言，其耐贮性也不相同，晚熟品种较早熟品种耐贮，中熟品种次之。较耐贮的品种有：雪桃、大久保、白凤、肥桃、安保97、重阳红等；耐贮性差的有：冈山早生、冈山白、春雷、水蜜桃等。用于贮藏和远销的桃，要选择品质优良，果实大且色香味俱佳的品种。

2. 贮藏条件

（1）温度。温度对桃的生理代谢有很大的影响，一般低温可抑制呼吸作用及内源乙烯的产生，对贮藏期、风味、质地都有很大作用。因此认为，低温环境有利于桃的贮藏，但温度过低（如－1℃）果实易发生低温冷害，受伤害的果实出现变软、变湿、变褐、发绵、风味改变、外皮发暗无光等症状。有时低温冷害的症状并不在贮藏期出现，而是使贮藏后的果实不能正常成熟。桃的品种不同对低温的敏感度也不相同，有些桃如大久保对低温比较敏感，在贮藏过程中极易发生冷害。因此，在贮藏时常采用变温贮藏的措施。有些桃在4～7℃下比在0℃下更易发生冷害，可见冷害的发生不仅与温度有关，而且还与果实的生理代谢有关，如京玉、燕红桃等在0℃下连续贮藏60～90天，未发生冷害。

（2）湿度。由于桃果实极易失水皱缩，所以贮藏环境中的相对湿度要求较高，应达到90%～95%。同时为防止果实失水，还需有较好的包装措施，如用塑料薄膜保鲜袋进行包装，以减少果实水分的损失。

（3）气体成分。降低贮藏环境的 O_2 浓度，提高 CO_2 的浓度，可保持桃的品质，延长贮藏期。一般认为，桃对低氧的忍耐力比对 CO_2 的忍耐力高，如大久保和燕红桃在低温条件下，控制气体成分为1%～3%O_2、3%～8%CO_2，贮藏60天以上未发生伤害症状。目前商业上推荐的气调贮藏条件为0℃、1%～2%的 O_2、5%的 CO_2，在此条件下贮藏期可比普通冷藏增加1倍。

3. 贮藏方法

（1）冷藏。桃的冷藏条件一般为温度0～3℃、相对湿度为90%～95%。对于中早熟品种的贮藏温度可高达1～2℃，晚熟品种的贮藏温度以0.5～1℃为宜。在贮藏初期（1～2周），需每隔2～3天通风一次（每次30～40分钟），随贮藏时间的延长，通风次数和时间可相应减少。冷藏的桃子在销售之前，需移至较温暖的环境中进行后熟，后熟时间的长短随环境温度的不同而不同，20℃时为2～3天，16℃时为8～10天，10℃时为15～20天。后熟时间越短品质越好，桃长期冷藏会使风味变淡且易引起品质劣变。在冷库内采用塑料薄膜小包装可延长贮藏期。

（2）气调贮藏。气调贮藏会使桃的贮藏寿命延长，但不同的桃品种对气体成分的反应有差异。一般认为，适宜的气调贮藏条件为0～1℃，O_2 浓度为1%～3%，CO_2 浓度为4%～5%。在 O_2 浓度为5%～14%、CO_2 浓度低于10%的范围内，改变环境中的气体组成，贮藏效果无显著差异，在气调贮藏条件下先进行变温贮藏，可明显降低冷害作用。

五、坚果的贮藏

坚果多为植物种子的子叶或胚乳，营养价值很高，包括板栗、核桃、杏仁、腰果、榛子、松子、开心果、花生、葵花子、南瓜子、西瓜子等。在此，以核桃和板栗为例，讲解其贮藏方法。

1. 核桃贮藏

核桃又称胡桃、羌桃，与扁桃、腰果、榛子并称为世界著名的“四大干果”，核桃果在国外，被称为“大力士食品”“营养丰富的坚果”“益智果”；在国内享有“万岁子”“长寿果”“养人之宝”的美称。核桃是木本油料作物，富含脂肪和蛋白质，营养丰富，有一定的药用价值。核桃种类繁多，如按产地分类，有陈仓核桃、阳平核桃、和田核桃；按成熟期分类，有夏核桃、秋核桃；按果壳光滑程度分类，有光核桃、麻核桃；按果壳厚度分类，有薄壳核桃和厚壳核桃。全国各地有许多优良的核桃品种，如河北的“石门核桃”，陕西秦岭的“鸡蛋皮核桃”等。

（1）贮藏条件。核桃在存放期间容易发生霉变、虫害和变味。原因是核桃含有丰富的脂肪，核仁含油脂量高达63%～74%，而其中90%以上为不饱和脂肪酸，有70%左右为亚油酸及亚麻酸，这些不饱和脂肪酸极易氧化酸败，尤其在高温、光照和氧气充足的条件下更是如此。核桃壳及核仁种皮的理化性质对抗氧化有重要作用，一是隔离空气，二是内含类抗氧化剂的化合物，但核壳及核仁种皮的保护作用是有限的，而且在抗氧化过程中种皮中的单宁物质因氧化而变深，虽不影响核仁的风味，但影响外观。因此核桃贮藏条件要求冷凉、干燥、低氧和背光。

（2）贮藏方法。包括湿藏法、干藏法、塑料薄膜包装贮藏法等。

1）湿藏法。在地势干燥、排水良好、背阴避风处挖深1米、宽1～1.5米、长度随贮量而定的沟。沟底铺一层10厘米厚的洁净湿沙，沙的湿度以能捏成团但不出水为度。然后铺上一层核桃一层沙，沟壁与核桃之间以湿沙充填。铺至距沟口20厘米时，再盖湿沙与地面相平。沙上培土呈屋脊形，其跨度大于沟的宽度。沟的四周开排水沟，避免雨水渗入，造成湿度过高，核桃腐烂。沟长超过2米时，应每隔2米竖一把扎紧的稻草作通气孔用，草把高度以露出“屋脊”为度。冬季寒冷地区“屋脊”的土要培得厚些。

2）干藏法。将脱去青皮的核桃置于干燥通风处晾至坚果的隔膜一折即断，种皮与种仁不易分离，种仁颜色内外一致时贮藏。将晾干的核桃装在麻袋中，放在通风、阴凉、光线直射不到的房内。贮藏期间要防鼠害、霉烂和发热等。

3）塑料薄膜包装贮藏法。将核桃装袋后堆成垛，在0～1℃温度下用塑料薄膜大帐罩起来，把CO_2或N_2充入帐内。核桃对CO_2不敏感，不会发生毒害。高浓度的CO_2（20%～50%）可抑制霉菌活动，防止腐烂。在贮藏初期充气浓度应达50%，以后CO_2保持20%，O_2保持2%，这样既可防止种仁脂肪氧化变质，又能防止核桃发霉和生虫。

2. 板栗贮藏

板栗营养丰富，风味独特，在我国分布很广，有多种食用方法，深受人们的喜爱，是我国传统出口产品之一。我国的板栗品种很多，大体可分为北方栗和南方栗两大类。北方板栗果型小，具有香、甜、糯等特性，耐贮性强；南方板栗果型大，风味较差，主要用于加工和菜用，耐贮性较差。中、晚熟品种较耐贮藏，如山东薄壳、山东红栗、河南油栗等晚熟品种最耐贮藏。

“中国板栗属京东，京东板栗属迁西”，迁西板栗外形玲珑，色泽鲜艳，不粘内皮；果仁呈米黄色，糯性强，甘甜芳香，口感极佳；富含维生素、胡萝卜素、氨基酸及铁、钙等微量元素，长期食用可达到养胃、健脾、补肾、养颜等保健功效，有东方“珍珠”和“紫玉”的美称，被日本人称为“中国甘栗的最佳食品”。

(1) 贮藏条件。霉烂、虫害和失水是造成板栗在贮藏期间损失的原因，因此避免霉变、虫害和减少水分蒸发是保证板栗安全贮藏的关键。

1) 防霉变。板栗采收后，在栗苞堆积以及栗实贮藏运输过程中，经常会发生大量栗实发霉、腐烂，从而造成严重损失。霉烂时，发病的栗实内外都长有绿色、黑色或粉红色等霉状物，种仁变褐腐烂或僵化，具有苦味和霉酸味。防霉变主要是提高板栗的成熟度，提高抗病性，降低贮藏温度和相应的湿度。在贮藏前也可进行预冷处理，其目的在于加速散发田间热，降低板栗果实温度，降低其呼吸强度而延长保鲜贮藏期，改善保鲜贮藏效果，减少腐烂，提高栗果品质。还可用药剂和辐照进行防腐处理。

2) 防虫害。板栗的主要害虫为实象虫，一般是在栗果采收后，集中熏蒸灭虫。具体做法可根据板栗数量的多少，选择大小不同的、能够密闭而不漏气的室内，采用二硫化碳、溴甲烷、磷化铝等药剂进行熏蒸的方法处理。

3) 防失水。板栗在贮藏过程中，呼吸强度相对较大，水分蒸发损失严重，很容易引起栗果失重或病变。因此降低贮藏环境中的温度、提高相对湿度可使板栗的水分散失较慢，有利于保鲜贮藏。

(2) 贮藏方法。板栗的贮藏方法较多，主要有沙藏法、冷藏法和气调贮藏。

1) 沙藏法。即在堆藏空地、沟藏的沟库或窖中地面上，先铺 4～6 厘米厚的湿沙，沙的湿度以手捏不成团为宜。然后放一层栗子铺一层湿沙，堆积厚度为 50～60 厘米，顶上再铺 6～8 厘米湿沙。当沙面干燥时可用水喷湿，除用湿沙外，也可用湿稻壳或湿锯末代替湿沙，但必须是新鲜无霉烂的。

2) 冷藏法。贮藏温度为－1～2℃，相对湿度为 90%～95%。将板栗放在衬有打孔塑料袋的麻袋或篓中贮藏。此种方法贮藏栗果，可减少腐烂和失水现象发生，并能较好保持板栗的品质和风味。

3) 气调贮藏。控制 O_2 浓度在 3%～5%，CO_2 浓度在 10%以下，相对湿度 90%～95%，温度在 0～2℃。另外也可采用薄膜袋装、塑膜大帐或硅窗袋等简易气调贮藏，效果也较好。

第二节　蔬菜贮藏

蔬菜是人们日常生活中必不可少的副食品，其所含的多种维生素和矿物质是人类所必需的营养物质。由于新鲜的蔬菜含有大量的水分，若采摘后不能及时上市，蔬菜就会因失水萎蔫、破损、腐烂变质。所以对不能及时上市的蔬菜应进行贮藏或加工处理，以满足人们的食用要求。蔬菜的种类繁多，不同的蔬菜贮藏特性也各不相同，所以对于不同的蔬菜品种，应选择适当的贮藏方式，以最大限度地延长蔬菜的贮藏期。

一、果菜类蔬菜贮藏

果菜类蔬菜包括茄果类的番茄、辣椒以及瓜果类的南瓜、冬瓜和黄瓜等，它们多属于热带或亚热带蔬菜，不适合低温条件贮藏，易产生冷害，不易贮藏。在此，将以番茄和南瓜为例，讲解贮藏方法。

1. 番茄贮藏

（1）贮藏特性。番茄的成熟度不同，贮藏期长短和贮藏条件也不相同。番茄果实的成熟期可分为绿熟期、微熟期（转色期至顶红期）、半熟期（半红期）、坚熟期、软熟期等。鲜食的番茄应达到半熟期至坚熟期，但这种果实正开始进入或已经处在呼吸跃变后期的生理衰老阶段，即使在冬天低温也难以长期贮存。绿熟期至顶红期的番茄果实耐贮性、抗病性较强，在贮藏中完成完熟过程，可以获得接近在株上充分成熟的品质。所以长期贮藏的番茄应在这一时期采收，并且在贮藏中使果实尽可能滞留在这个阶段，实践中称为“压青”。到贮藏结束时，才使果实达到坚熟期的程度，即食用价值最高的时期。番茄的贮藏期限决定于呼吸跃变期的长短，即果实滞留在跃变高峰以前的时间，“压青”时间越长，贮藏期就越长。因此，如何延长压青期，既要抑制番茄的完熟，又要保持其完熟能力，使贮藏结束时能达到要求的成熟度，是番茄贮藏的关键问题。番茄性喜温暖，不同的成熟度对温度的要求不一样，绿熟果一般可长期贮藏，贮藏的适宜温度为10～13℃，低于8℃即遭冷害，不仅影响果实的质量，还缩短了贮藏期。在10～13℃的正常温度中绿熟果约半个月即达到完熟过程。但在适宜的湿度和气体条件下，可使绿熟番茄的贮期延至2～3个月，即使在常温下，气调贮藏也有明显的延缓完熟的效果。

（2）贮藏方法。包括气调贮藏、常温贮藏等。

1）气调贮藏。贮藏场所为塑料薄膜帐，一般为聚乙烯薄膜，先将薄膜帐内进行消毒处理，然后采用自然降氧法或人工降氧法来调节帐内的O_2和CO_2浓度。自然降氧法是利用番茄自身的呼吸作用逐渐降低O_2浓度至2%～5%，但这样所需时间较长，番茄易腐烂，因此贮藏期短。人工降氧法是利用抽气充氮的方法，快速降低氧气浓度，同时适时通风换气，控制贮藏温度，可延长贮藏期。但用塑料薄膜帐贮藏番茄时，帐内相对湿度较高，会因微生物繁殖引起果实腐烂，可在帐内放入适量的吸湿剂，如消石灰、硅胶等。

2）常温贮藏。在常温下利用地窖、地下室、通风库等藏所，可降低贮藏温度，控制相对湿度，剔除烂果，贮藏期可达20～30天。

（3）贮藏病害及防治。番茄表面在田间就吸附着多种致病菌，在贮藏或运输过程中易发病，如炭疽病、黑腐病和灰霉病等，同时向其他健康的果实传播，引起大量果实致病腐烂，在高温高湿的环境中果实腐烂更严重。为此，应加强田间管理，及时喷洒农药消毒防治这类病害，在运输过程中还要避免机械损伤，防止病菌感染。

番茄的贮藏温度低于最适贮藏温度，但高于其组织冰点时，会发生冷害，当贮藏温度低于组织冰点时就会发生冻害。这种低温伤害会使果实软烂、蒂部开裂，表面出现褐色小圆斑，果实不能正常成熟。当贮藏环境中的相对湿度过高、低温处理时间过长时，环境中的气体成分不适等因素也会使果实发生损害，所以在储藏时要选择适当的贮藏温度、相对湿度和气体组成。

2. 南瓜贮藏

（1）贮藏特性。南瓜又称番瓜、倭瓜，主要品种有黄狼南瓜、枕头南瓜和长南瓜等。老熟的南瓜水分含量少，淀粉多，组织充实，果皮坚硬，呈现固有的色泽，有利于保存，所以贮藏用的南瓜常选用老熟南瓜。

（2）贮藏方法。包括堆藏和架藏两种方法。

1）堆藏。选择通风、阴凉、干燥的房间，堆放前先将房间进行消毒处理，然后在堆放的地面铺一层细沙、麦秸或稻草，再将瓜直接摆放到上面。南瓜摆放时将瓜蒂朝里、瓜顶向外，按次序堆成圆形或方形。冬瓜堆放呈“品”字形，这样在压力下，瓜垛稳，通风好。

2）架藏。在贮藏仓库内用木、竹或铁搭成分层贮藏架，铺上草帘，然后将瓜叠放成一定的形式堆放在架上，这种方法的通风散热效果优于堆藏法，检查也比较方便。

（3）贮藏病害及防治。贮藏的瓜应选用老熟瓜，采收时应带一段果梗，要轻收轻放防止机械损伤，禁止震动、滚动和抛掷，以免内部受伤腐烂。

南瓜在贮藏前可用0.2%氯硝铵溶液浸泡，防止在贮运中被菌核病感染引起花柱腐和侧腐，还防止被交链孢和镰刀菌属病菌二次感染而腐烂。

二、叶菜类蔬菜贮藏

叶菜类蔬菜包括白菜、菠菜、芹菜等，其产品器官既是同化器官，又是蒸腾器官，所以代谢强度很高，不耐贮藏。下面以白菜为例讲解其贮藏方法。

1. 贮藏特性

白菜在贮藏期间发生的损耗以脱帮、腐烂和失水为主，这主要与贮藏环境中的温度和湿度有关。脱帮是指叶帮基部形成离层而脱落。白菜是在冷凉湿润的条件下发育形成的，所以适宜在较低的温度下贮藏。当贮藏温度过高时，不仅会使新陈代谢加快，容易衰老腐烂，还会加速白菜叶柄离层的形成，使白菜脱帮。白菜适宜的贮藏温度为－1～1℃。白菜的含水量较大，在贮藏的过程中极易失水萎蔫，破坏正常的新陈代谢，所以在贮藏环境中要保持较高的相对湿度，但空气湿度过高也会引起白菜脱帮，同时还容易受微生物的侵染，使白菜腐烂变质，所以适宜贮藏的相对湿度为85%～90%。可见，高温、高湿都不利于白菜的贮藏，白菜在不同的贮藏时期，表现的现象也不相同。贮藏初期，以脱帮、失水为主；贮藏后期，以腐烂变质为主。

2. 贮前处理

白菜适宜的采收期对其贮藏有一定的影响，采收过早，影响产量，对贮藏也不利；采收过晚，气温低，易在田间受冻。白菜在采收后要进行适当的晾晒、整理与预贮、药剂处理等。

（1）晾晒。白菜在采收后要进行适当的晾晒，晾晒至减少10%～15%的水分为宜，这样可使白菜的组织变得柔软，减少机械损伤，提高白菜的细胞液浓度，增强抗寒力，同时还缩小了菜体的体积，提高了库容量。但晾晒过度，也会加重脱帮和失水，降低白菜的耐贮性。所以要根据采收时的温度和菜体的含水量来确定晾晒的时间。

（2）整理与预贮。白菜贮藏之前，应适当整理，去除黄帮烂叶，但不黄不烂的外叶要尽量保留以保护叶球，进行分级挑选，便于贮藏管理。整理完若气温较高，应在库外进行预贮，预贮时要注意防冻、防热，当白菜的中心温度接近贮藏温度时就可入库贮藏了。

（3）药剂处理。由于白菜在贮藏过程中易发生脱帮腐烂现象，可用一定的药物进行处理，采收前2～7天可将25～50毫克/千克的2，4－D药液喷洒于田间或浸根，这对脱帮有明显的抑制作用。但处理后的白菜抗寒力降低，腐烂的叶片不易脱落，影响白菜的修剪。

3. 贮藏方法

白菜的贮藏方法有埋藏、窖藏、通风库贮藏和机械冷藏库贮藏等方法。由于白菜主要种植在北方，而北方冬、春季的温度基本上已满足低温贮藏的要求，所以一般不用机械冷藏库贮藏的方法。

埋藏是根据贮藏量在菜地挖适当大小的沟，将菜体直立放于沟内，根据气温的变化分次在上面覆土防冻。在窖藏和通风库贮藏时，可采用垛贮、架贮和筐贮等方式，但要注意在贮藏时垛、架和筐要留有一定的距离，以利于通风散热。

4. 贮藏管理

白菜的贮藏管理主要是通风和倒菜，通风的目的是引入外界冷凉干燥的空气，维持窖内适宜的温度和湿度。倒菜是改变菜体的位置，翻动菜垛，保证垛之间更好地通风散热，同时清理菜体，摘除烂叶。白菜不同的贮藏期有不同的特点，管理的措施也不同，分为前期管理、中期管理和后期管理。

（1）前期管理。白菜从入窖到冬至为贮藏前期，这一时期外界温度较高，窖内温度常常超过0℃，白菜此时含水量大，新陈代谢旺盛，放出的呼吸热多，白菜极易热伤。此时要昼夜开启通风口，增大通风量和增加通风时间，必要时可机械鼓风，尽快降低窖温并维持在0℃左右。同时倒菜要勤，来增加通风散热，降低窖内温度。

（2）中期管理。从冬至到立春为贮藏中期，这一时期气温较低，此时管理以防止白菜受冻为主，通风可采用“短急风”和“细长风”两种方式，通风时间最好在中午，具体要根据气温、窖温和白菜本身的情况而定，达到既能换气又能防冻的目的。倒菜次数要减少，尽量保存外帮以保护内叶。

（3）后期管理。从立春后为贮藏后期，此时由于外界温度升高，使窖内温度逐渐上升，白菜的耐贮性和抗病性明显下降，易受病菌侵害而腐烂。此时要以夜间通风为主，降低窖内的温度，延长贮藏期。倒菜周期要短，倒菜时剔除黄帮烂叶，防止腐烂。

三、根菜类蔬菜的贮藏

凡是以肥大的肉质直根为产品的蔬菜都属于根菜类，包括萝卜、胡萝卜、根用芥菜、芜菁及辣根。在我国萝卜和胡萝卜的栽培最为普遍，下面以萝卜为例讲解根菜类蔬菜的贮藏。

1. 贮藏特性

萝卜又名莱菔，原产我国，品种极多，具有多种药用价值。萝卜的食用部分是其肥大的肉质根，是由根的次生木质部薄壁细胞组成，其薄壁组织富含水分和各种营养，这些水分和营养在贮期内遇到适宜条件会逐渐向茎盘的生长点转移，促使其发芽，造成糠心。发芽和糠心不仅使肉质根失重，糖分减少，而且使组织变绵软，风味变淡，萝卜品质下降。所以在贮藏过程中防止萝卜糠心和发芽是贮藏的关键。萝卜适宜贮藏温度为 0～1℃，相对湿度为 95%～98%。这种低温高湿的条件有利于防止萝卜失水萎蔫造成糠心。同时萝卜组织细胞间隙很大，通气性好，能忍受较高浓度的 CO_2，所以萝卜适于埋藏、层积贮藏和气调贮藏。

贮藏的萝卜应选秋播晚熟的品种，其具有皮厚、质脆、含糖量多的优点。一般青皮萝卜比红皮、白皮萝卜耐贮，生食品种比熟食品种耐贮。如青皮脆、翘头青、心里美、大磨盘、红萝卜等较耐贮藏。

2. 贮藏条件

（1）温度。贮藏温度升高，会使细胞呼吸强度加强，水解作用旺盛，养分消耗加大，导致肉质根所贮藏的营养被消耗，水分丢失，进而出现糠心。还会促使酶的活性增加，加快物质水解，造成营养物质的损耗。通常贮藏温度为 0～3℃，且不能低于 0℃。

（2）湿度。萝卜在贮藏过程中最容易丢失的就是水分，失水过多，会导致萝卜萎蔫，营养物质损耗，降低萝卜的耐贮性和抗病性，从而过早衰老，降低或失去原有的鲜嫩程度和食用价值。而大量的水分也会使微生物和酶的活动加快，从而引起萝卜腐烂变质。所以应适当控制贮藏环境中的相对湿度。通常空气中的相对湿度应保持在 95%及以上。

3. 贮藏方法

（1）沟藏法。在地势高、水位低、土质黏重、保水力强的地方挖沟，方向从东向西，宽度为 100～150 厘米，过宽会影响土壤的保温作用。沟的深度比当地冬季的冻土层稍深即可，从南向北沟深渐深。贮藏时将萝卜散放在沟内，用湿沙层积以保持湿润并提高环境中的 CO_2 浓度。堆积厚度不超过 50 厘米，避免层底萝卜受热。随气温下降，在萝卜上面分期覆盖薄土，以表面萝卜不受冻，层底萝卜不受热为宜。最后约与地面齐平。沟藏法操作简便，对根菜类蔬菜的贮藏要求极易满足，因此是当前最主要的贮藏方式。

（2）窖藏和通风贮藏库贮藏。窖藏和通风贮藏根菜类蔬菜，存储量大。根菜类蔬菜不抗寒，因此入窖时间应在大白菜之前，以防止霜冻。萝卜在窖内或库内散堆或码垛或湿沙层积，堆高一般 1.2～1.5 米，在堆内每隔 1.5～2 米设一通风筒，以便通风散热。贮藏中不倒动，注意窖或库内温度，外界温度过低时，用草帘等加以覆盖，防止萝卜受冻。当湿度不够时，可洒水增湿。立春前后检查萝卜，发现病烂产品及时挑除。此外，萝卜、胡萝卜用 1.29～2.58 C/千克（5～10 KR）γ 射线照射，有明显抑制发芽的效果。

四、食用菌（蘑菇）贮藏

1. 贮藏特性

蘑菇含水量较高，呼吸强度大，营养物质消耗快，所以容易腐烂变质，不宜长期贮藏。低温可降低蘑菇的代谢水平，延缓衰老，延长贮藏期，但温度过低容易发生冷害，所以蘑菇的适宜贮藏温度为 0～3℃。贮藏环境适宜的相对湿度为 85%～95%，低于 85%，蘑菇就会开伞和褐变，影响贮藏期。贮藏环境中的气体组成也是影响蘑菇贮藏的一个重要因素，O_2 对菇盖的生长有刺激作用，能造成蘑菇开伞，所以应适当地降低环境中的 O_2 浓度。当 O_2 浓度降到 1%以下时，对蘑菇的开伞和呼吸都有明显的抑制作用。同时环境中的 CO_2 浓度也会对蘑菇的生长和呼吸产生影响，当 CO_2 浓度为 5%时，会抑制菇盖的生长，但能促进菇柄的生长。当 CO_2 浓度高于 5%时，能够同时抑制菇盖和菇柄的生长，所以适宜的气体组成为 O_2 浓度 0.5%左右，CO_2 浓度 25%。

2. 贮藏方法

（1）低温贮藏。实践证明，蘑菇在低温环境中比在常温环境中贮藏效果要好，低温贮藏保鲜期可在 20 天以上，贮藏温度为 0～3℃，同时要保持适宜的相对湿度，控制在 90%左右，贮藏期间要保持温度稳定。

（2）气调贮藏。主要是利用聚乙烯塑料薄膜制成的袋子将蘑菇包装贮藏，通过自发气调，使袋内 O_2 浓度降低至 0.5%左右，CO_2 浓度增至 10%～15%，控制温度在 16～18℃可保鲜 4 天，蘑菇不变质。

3. 贮藏期间的管理

（1）蘑菇要适时采收，采收过早，菇盖未完全长大，降低蘑菇产量。采收过晚，蘑菇伞盖打开，菌褶变褐，使品质下降。适当的采收时间为菇盖完全长大且伞盖未打开之前。

（2）蘑菇在贮藏之前，要对贮藏环境进行消毒，减少环境中的有害微生物，防止蘑菇被病菌感染，延长贮藏期。

（3）蘑菇在贮藏的时候最好要搭架堆放，防止因挤压造成损伤。

（4）蘑菇贮藏前要进行预冷，贮藏过程中要保持温度稳定，防止出现“发汗”，引起蘑菇腐烂。

思 考 题

1. 番茄的贮藏保鲜要点是什么?
2. 简述蘑菇的贮藏特性。
3. 柑橘的适宜贮藏条件是什么?
4. 空气组成对苹果贮藏的影响是什么?
5. 哪些品种的葡萄较耐贮藏?

第四章　稻麦加工

稻麦的深加工主要分米制食品和稻米深加工转化与食品、保健、医药、化工等工业生产需要的各种产品。米制食品主要包括米酒、米饼、米粉、米糕、速煮米、方便米饭、冷冻米饭、冷冻餐盒、调味品等。

小麦加工主要包括面粉加工及麦粉制品的加工，如馒头、面包、面条、饼干、糕点等。

第一节　稻米加工

目前，我国常规的稻米加工主要包括稻谷清理、砻谷及砻下物分离、碾米、成品处理及副产品整理等几个过程。

一、稻谷清理

1. 稻谷中杂质的种类

稻谷中的杂质是多种多样的。目前原料中的杂质可以按以下两种方法分类：

（1）根据《稻谷》（GB 1350—1999）的规定，可将杂质分为以下几种：

1）筛下物。通过直径 2.0 毫米圆孔筛的物质。

2）无机杂质。泥土、砂石、砖瓦块及其他无机物质。

3）有机杂质。无使用价值的稻谷、异种粮粒及其他有机物质。

（2）在稻谷加工厂，通常根据杂质的某些特征和清理作业的特点将杂质分为：

1）大杂质。留存在直径 5.0 毫米圆孔筛上的杂质。

2）中杂质。穿过直径 5.0 毫米圆孔筛，而留存在直径 2.0 毫米圆孔筛上的杂质。

3）小杂质。穿过直径 2.0 毫米圆孔筛的杂质。

4）轻杂质。密度较稻谷小的杂质。

5）磁性金属杂质。具有导磁性的金属杂质。

6）并肩石。同稻谷粒度相近的石子、泥块等。

7）稗子。稻谷在收割时混入的一种杂草种子。

在以上这些杂质中，以稗子和并肩石等最难清除。

2. 清理的目的和要求

稻谷中所含的杂质，如得不到及时清除，将会给稻谷加工带来很大的危害。稻谷中所含稻秆、稻穗、杂草、纸屑、麻绳等体积大、质量轻的杂质，在加工过程中，容易造成输送管道和设备喂料机构的堵塞，使进料不均，而降低设备的工艺效果和加工能力。稻谷中所含的泥沙、尘土等轻、小杂质，在进料、提升、溜管输送等过程中易造成尘土飞扬，污染车间的环境卫生，危害操作人员的身体健康。稻谷中所含的石块等坚硬杂质，在加工过程中，容易损坏机械设备的工作表面和机件，一方面，影响设备工艺效果，另一方面，缩短设备使用寿命，严重的甚至会酿成重大设备事故和火灾。

杂质如得不到及时清除而混入产品中，还会降低产品纯度，影响成品大米和产品的质量。因此，清理是稻谷加工过程中的一个非常重要的环节。

稻谷清理的要求是稻谷清理后，其含杂总量不应超过 0.6%，其中含砂石不应超过1 粒/千克，含稗不应超过 130 粒/千克。

3. 清理的基本方法与原理

清除原粮稻谷中杂质的方法很多，主要包括风选、筛选、密度分选、磁选等。

（1）风选。就是利用稻谷和杂质之间空气动力学性质的不同，借助气流的作用进行除杂的方法。按照气流的方向，风选可分为以下几种方法：

1）垂直气流风选。主要是利用稻谷与杂质悬浮速度的差异进行除杂。

2）水平气流风选。利用稻谷与杂质之间飞行系数的不同进行除杂。

3）倾斜气流风选。倾斜气流风选的原理同水平气流风选的原理基本相同，也是利用飞行系数的不同进行分选的。同样条件下，物料在倾斜气流中飞行系数大于在水平气流中的飞行系数。因此，采用倾斜气流风选可以取得较水平气流风选好的分离效果。生产经验证实，倾斜气流的运动方向取 30°为宜。

（2）筛选。就是利用稻谷和杂质间粒度的差异，借助于合适筛孔的筛面进行除杂的方法。

筛面是筛选设备最基本的工作部件。筛面种类很多，稻谷加工厂常用的筛面有栅筛、冲孔筛和编织筛三种。栅筛主要适用于下粮部位，以去除原粮稻谷中较大的杂质，避免设备堵塞。冲孔筛适用于稻谷清理除杂和物料分级。编织筛适宜筛理细小杂质及谷糙分离、白米分级、糠粞分离等，但筛孔易变形。

常用的筛孔形状有圆形、方形、长方形、三角形等。圆形孔主要是按物料宽度的不同进行筛选；长形孔主要是按物料的厚度不同进行筛选；方形孔既可以按物料的宽度进行分级，也可以按物料的长度进行分级；三角形孔适用于清理稻谷中形状或截面近似于三角形的杂质，如石子、砂石等。

（3）密度分选。密度分选是利用稻谷和砂石等杂质间密度及悬浮速度或沉降密度等物理特性的不同，借助于适当的设备进行除杂的方法。根据所使用介质的不同，密度分选可分为干法和湿法两类。湿法是以水为介质，利用粮粒和砂石等杂质的密度以及在水中的沉降速度的不同进行除杂。在稻谷加工厂，湿法去石常用于蒸谷米加工中的清理工艺。干法去石是以空气为介质，利用粮粒和砂石等杂质密度及悬浮速度的不同进行除杂。

（4）磁选。磁选是利用磁力将物料中磁性金属杂质去除的方法。当物料通过磁场时，由于稻谷是非导磁性物体，不受磁场的作用而自由通过，而磁性金属杂质则被磁场磁化，与异性磁极相吸而去除。磁性金属杂质分离的条件，是磁场对磁性金属杂质的磁力大于其反作用力。

二、砻谷及砻下物分离

稻谷的最外层是人体不能消化的颖壳，因此，应首先将颖壳去除，然后碾成能够食用的大米。去除颖壳的工作，即为砻谷。砻谷是利用机械作用力破坏谷壳来完成的，所使用的机械称为砻谷机。砻谷是根据稻谷结构的特点，由砻谷机对其施加一定的机械力破坏稻壳而使稻壳脱离糙米。由于砻谷机本身机械性能的限制，稻谷经砻谷机一次脱壳后，不能全部成为糙米，因此，所得的砻谷产品（称为砻下物）是稻谷、糙米、谷壳等混合物。砻下物分离，就是根据砻谷后得到的混合物中各种物料间存在的物理特性差异，按照一定工艺过程，由专门机械将它们进行分离，分出其中的糙米，送往碾米机械碾制。稻谷返回到砻谷机再次进行脱壳，而谷壳则作为副产品加以利用。

砻谷时应尽量保持米粒完整，减少米粒损伤，以利于提高出米率和后续谷糙分离工作的工艺效果；谷壳分离要求分出的稻壳中含饱满粮粒不超过30粒/100千克，谷糙混合物中含稻壳量不超过0.8%；谷糙分离则要求分出的糙米含谷量不超过40粒/千克，砻谷含糙量不超过10%。

三、碾米

1. 碾米的目的与要求

碾米是应用物理（机械）或化学的方法，将糙米表面的皮层部分或全部剥除的工序。

糙米的皮层组织含有较多的粗纤维，直接食用糙米将妨碍人体的正常消化。同时，糙米的吸水性和膨胀性都比较差，食用品质不佳，如用糙米煮饭，不仅所需要的蒸煮时间长，出饭率低，而且颜色深，黏性差，口感不好。因此，必须通过碾米工序将糙米的皮层去除，才能提高其食用品质。但是，糙米的皮层中也含有一定量的营养物质（粗脂肪、粗蛋白、矿物质和维生素等），如将皮层全部去除，势必造成营养成分的大量损失。同时，根据糙米子粒的结构特点，要将背沟处的皮层全部碾除，会造成淀粉的损失和碎米的增加，使出米率下降。因此，按国家标准规定的大米等级标准保留适量的皮层，不仅对供给人体所需要营养成分有利，而且可以提高大米的产出率。

对碾米的要求是在保证成品米等级精度的前提下，提高纯度、出品率和产量，降低成本和保证安全生产。

2. 碾米的基本方法与原理

碾米的方法可分为机械碾米和化学碾米两种。目前世界各国普遍采用的是机械碾米法，只有极个别米厂采用化学方法碾米。

机械碾米按作用力的特性分为擦离碾白和碾削碾白两种。

（1）擦离碾白。擦离碾白是依靠强烈的摩擦擦离作用使糙米碾白。糙米在碾米机的碾白室内，由于米粒与碾白室构件之间和米粒与米粒之间具有相对运动，相互间便有摩擦力产生。当这种摩擦力增大并扩展到糙米皮层与胚乳结合处时，便使皮层沿着胚乳表面产生相对滑动并把皮层拉断、擦除，使糙米得到碾白。

以擦离作用为主进行碾白的碾米机主要有铁辊碾米机。此类碾米机的特点是碾白压力大，机内平均压力为 19.6～98 kPa；碾辊线速度较低，一般在 2.5～5 m/s，离心加速度为 370 m/s^2 左右。所以，擦离型米机又称为压力型米机。

擦离碾白所得米粒表面留有残余的糊粉层，形成光滑的晶状表面，具有天然光泽并半透明。残余的糊粉层保持了较多的蛋白质，像一层胚乳淀粉的薄膜。因此，擦离碾白具有成品精度均匀、表面细腻光洁、色泽较好、碾下的米糠含淀粉少的特点。但因需用较大的碾白压力，故容易产生碎米，当碾制强度较低的糙米时更是如此。所以，擦米碾白适于加工强度大、皮层柔软的糙米。

（2）碾削碾白。碾削碾白是借助高速旋转的金刚砂辊筒表面密集的坚硬锐利金刚砂粒的砂刃对糙米皮层不断地施加碾削作用，使皮层劈裂、脱落，使糙米得到碾白。碾削碾白的效果主要与金刚砂辊筒表面砂粒的粗细和金刚砂辊筒表面线速有关。

碾削碾白所得米粒表面粗糙，在凹陷处积聚了无数细微的胚乳淀粉和糠层的屑末，称为糠粉。米粒的反光漫射，虽然看起来比较白，却是无光泽的白。因此，碾削碾白碾制出的成品表面光洁度较差，米色暗淡无光，碾出的米糠片较小，米糠中含有较多的淀粉，而且成品米易出现精度不均匀现象。但因在碾米时所需用的碾白压力较小，故产生碎米较少，因此碾削碾白适于碾制强度较低、表面较硬的糙米。

擦离作用与碾削作用并不是单一地存在于米机内，实际上任何一种米机都有这两种作用，差别只在于以哪种作用为主而已。长期实践证明，同时利用擦离作用和碾削作用的混合碾白，可以减少碎米，提高出米率，改善米色，同时，还可提高设备的生产能力。目前，我国基本上使用混合碾白进行碾米，相应的碾米机为横式砂辊碾米机。这种米机碾辊线速一般为 10 m/s 左右，机内平均压力比碾削型米机稍大。混合型米机由于具有擦离型和碾削型两种米机的特点，因此工艺效果较好。

四、成品处理及副产品整理

1. 成品处理

经碾米机碾制成的白米，其中混有米糠和碎米，而且温度较高，这些都会影响成品的质量，同时也不利于大米的贮藏。因此，出机白米在包装前必须使含糠、含碎符合质量标准，使米温降到利于贮存的范围。此外，随着人民生活水平的提高，高质量、高品位的大米日益受到消费者的青睐。为此可对大米进行表面处理，使其晶莹光洁；也可将大米中所含异色米粒（主要是黄米粒，即胚乳呈黄色，与正常米粒色泽明显不同的米粒）去除，以提高其商品价值，改善其食用品质。以上即为成品处理。成品处理主要包括擦米、凉米、白米分级、抛光、色选等工序。

（1）擦米。擦米的主要作用是擦除黏附在米粒表面上的糠粉，使米粒表面光洁，提高成品的外观色泽，同时也有利于大米的贮藏和米糠的回收利用。擦米与碾米不同，因为白米子粒强度较差，擦米作用不应强烈，以防止产生碎米过多。擦米设备主要有立式擦米机（主轴垂直的擦米机）和卧式擦米机（主轴水平的擦米机）两种。擦米产生的碎米含量不应超过1%，含糠量不应超过0.1%。

（2）凉米。凉米的目的是降低米温，以利于贮藏。尤其是在加工高精度大米时，米温要比室温高出15～20℃，如不经冷却，马上打包进仓，容易使成品发热霉变，所以成品打包前必须经过凉米工序。凉米一般都在擦米之后进行，并把凉米与吸除糠粉有机地结合起来。凉米要求米温降低3～7℃，爆腰率不超过3%。

降低米温的方法很多，如喷风碾米，米糠气力输送、成品输送过程的自然冷却等，工作原理都是利用室温空气作为工作介质，带走碾制米粒机械能转换的热能。目前，使用较多的凉米专用设备是流化床，它不仅可以降低米温，而且还兼有去湿、吸除糠粉等作用。

（3）白米分级。将白米分成不同含碎等级的工序称为白米分级，国外许多国家都把大米含碎量作为区分大米等级的重要指标。白米分级的目的主要是根据成品的质量要求，分离出超过标准的碎米。

（4）抛光。在我国，白米抛光技术的提出已有十余年历史，目的是为了生产高质量大米，以满足人们生活水平日益提高的需要。白米抛光技术在日本等发达国家早已得到广泛应用。所谓抛光实质上是湿法擦米，它是将符合一定精度的白米，经着水、润湿以后，送入专用设备（白米抛光机）内，在一定温度下，米粒表面的淀粉胶质化，使得米粒晶莹光洁、不黏附糠粉、不脱落米粒，从而改善其贮存性能，提高其商品价值。

白米抛光机采用的着水方法多种多样，主要是：①滴定管加水；②压缩空气喷雾；③水泵喷雾；④喷风加水；⑤超声波雾化。以上各种着水方法各有利弊，比较而言，以超声波雾化方法较好。

（5）色选。色选是利用光电原理，从大量散装产品中将颜色不正常的或感染病虫害的个体（球、块或颗粒）以及外来夹杂物检出并分离的单元操作，色选所使用的设备即为色选机。在不合格产品与合格产品因粒度十分接近而无法用筛选设备分离或密度基本相同无法用密度分选设备分离时，色选机却能进行有效的分离，其独特作用十分明显。

2. 副产品处理

从碾米及成品处理过程中得到的副产品是糠粞混合物，里面不仅含有米糠、米粞（粒度小于小碎米的胚乳碎粒），而且由于米筛筛孔破裂或因操作不当等原因，往往也含有一些纤维素、植酸钙等产品，可用来作饲料。米粞的化学成分与整米基本相同，因此可作为制糖、酿酒的原料。整米需返回米机碾制，以保证较高的出米率。碎米可应用于生产高蛋白米粉，制取饮料，酿酒，制作方便粥等。因此，需将米糠、米粞、整米和碎米逐一分出，做到物尽其用，此即为副产品整理，工艺上称做糠粞分离。

副产品整理要求如下：

（1）米糠中不得含有完整的米粒和相似整米长度1/3以上的米粒，米粞含量不超过0.5%。

（2）米粞内不得含有完整米粒和相似整米长度1/3以上的米粒。

米糠和米粞在粒度和悬浮速度方面都有差别，因此可用筛选法和风选法进行分离。采用风、筛结合的方法，其分离效果更好。

第二节　特种米及米制品生产工艺

一、特种米生产工艺

特种米是相对普通大米而言的，它是以稻谷或普通大米为原料，经过特殊加工工艺而制成的。特种米的种类很多，大致可分为营养型（蒸谷米、留胚米、强化米）、方便型（不淘洗米、易熟米）、功能型（低变应原米、低蛋白质米）、混合型（配米）、原料型（酿酒用米）等。生产特种米不仅可以促进碾米厂生产技术的进步，而且还给企业带来明显的经济效益。以下就生产较为成熟、销售量较大的几种米加以介绍。

1. 蒸谷米生产工艺

清理后的稻谷经过水热处理，再进行砻谷、碾米所得到的成米称为蒸谷米，也称为半煮米。全世界有1/5数量的稻谷，经水热处理后制成蒸谷米。

（1）工艺流程和工艺要点。生产蒸谷米，除稻谷清理后经水热处理（浸泡、泡蒸、干燥与冷却）以外，其他工序与生产普通大米相同。蒸谷米生产工艺流程和工艺要点如下：

稻谷→清理→浸泡→汽蒸→干燥与冷却→砻谷→碾米→蒸谷米

1）清理。原粮稻谷中杂质的种类很多，浸泡时杂质分解发酵，污染水质，谷粒吸收污水会变味、变色，严重时甚至无法食用。不完善米粒，汽蒸时变黑，使蒸谷米质量下降。因此，在做好除杂、除稗、去石的同时，应尽量消除原粮中的不完善粒，可使用洗谷机进行湿法清理。

2）浸泡。浸泡是稻谷吸水并使自身体积膨胀的过程。根据生产实践，水分必须在30%以上。浸泡的目的是使稻谷充分吸收水分，为淀粉糊化创造必要条件。浸泡基本上可分为常温浸泡和高温浸泡两种方法。现今广泛采用的是高温浸泡法，预先浸泡水的温度：籼稻为72～74℃，最高不超过76℃；粳稻不超过70℃。相应的浸泡时间为3～4小时。过高的水温和过长的浸泡时间都会使米粒变成米饭，而且稻壳和皮层的色素都容易溶解并渗透到米粒中去，从而加深米粒的颜色，应该避免。浸泡水的pH也影响米粒的变色。在pH=5时米粒变色较少，米色较浅；pH升高，则米色加深。

3）汽蒸。稻谷经过浸泡以后，胚乳内部吸收相当数量的水分，此时应将谷物加热，使淀粉糊化。通常情况下，都是利用蒸汽进行加热，此即为汽蒸。汽蒸的目的在于提高出米率，改善贮藏特性和食用品质。

4）干燥与冷却。稻谷经过浸泡和汽蒸之后，必须经过干燥除去水分，然后进行冷却，降低粮温。使稻谷水分含量降到14%，以便储存和加工，以得到最大限度整米率。

5）砻谷。稻谷经水热处理以后，颖壳开裂、变脆容易脱壳。使用胶辊砻机脱壳时，可适当降低辊间压力，提高产量，以降低胶耗、电耗。脱壳后经稻壳分离、谷糙分离，得到的蒸谷糙米送入碾米机碾臼。

6）碾米。蒸谷糙米的碾臼是比较困难的。在产品精度相同的情况下，蒸谷糙米所需的碾臼时间是生谷（米经水热处理的稻谷）糙米的3～4倍。碾臼后的擦米工序应加强，以清除米粒表面的糠粉。此外，还需要按含碎要求，采用筛选设备进行分级。国外还利用色选机清除异色米粒，以提高蒸谷米商品价值。

（2）蒸谷米的优缺点。蒸谷米的优点在于：①营养价值比普通大米高，且容易被人体消化吸收。蒸谷米比普通大米胀性好，出饭率高，做成的米饭容易消化，米粒表面有光泽。②加工时碎米率明显降低，出米率高；副产品米糠出油率高于普通大米。③不容易生虫，不易霉变，易于贮藏。而缺点主要是蒸谷米加工成本较高，米色较深，米饭黏性较差。

2. 不淘洗米生产工艺

普通大米在水中淘洗，不仅要消耗大量的水，而且随水流失的米糠及淀粉量达2%左右。同时，大米在水中淘洗营养成分损失也较大，详见表4—1。

表4—1　　大米营养在淘洗过程中的损失　　（%）

品种 损失物	标一粳米	标一籼米
固形物	2.8	3.4
维生素 B_1	25.91	38.45
钙	78.2	45.2
磷	19	22.4
铁	16.9	37.8

不淘洗米（也称清洁米、免淘米）是指符合卫生要求、不必淘洗就可直接炊煮食用的大米。生产不淘洗米的方法主要有渗水法、瞬间水洗法等。

（1）渗水法。渗水法加工不淘洗米是将糙米碾制后，于擦米时渗水碾磨以去净米粒表面附着的糠粉的方法。利用渗水法生产的不淘洗米有水晶米之称，具有含糠粉少、米质纯净、米色洁白、光泽度好等优点，为我国大米出口的主要产品。其工艺流程和工艺要点如下：

糙米→碾白→擦米→渗水碾磨→冷却→分级→不淘洗米

1）渗水碾磨。渗水碾磨不同于碾米机对米粒的碾白作用，它只对米粒表面进行磨光，因此米粒在机内所受的作用力极为缓和。碾磨中渗水的目的主要是利用水分子在米粒与碾磨室工作构件之间、米粒与米粒之间形成一层水膜，有利于碾磨光滑细腻。渗水的另一目的是对米粒表面进行“水洗”去除糠粉。为了提高工艺效果，碾磨时最好渗入热水。

渗水研磨目前一般使用铁辊碾米机，但需将米机出口拆除，退出米刀，转速台调至800转/分钟。碾磨时，水从米机口渗入，一般为大米流量的0.5%～0.8%。

2）冷却。为了降低渗水碾磨后的米温，需对米进行冷却，常用设备是流化槽。

3）分级。渗水碾磨后的米粒常夹有糠块粉团，应在冷却后进行筛理。上层筛面用5×5眼/25.4毫米、下层筛面用14×14眼/25.4毫米，分别筛去大于米粒的糠块粉团和细糠粉，相应的设备有溜筛、振动筛等。

（2）瞬间水洗法。瞬间水洗法是日本最近几年研制的一种生产不淘洗米的方法。主要由一次洗米机、二次洗米机及干燥机三部分组成。白米经供料装置进入一次洗米机，边搅拌边水洗。然后进入二次洗米机，将米粒表面的糠粉及残留的糊粉层洗去，同时进行离心分离、脱水。干燥机呈圆筒状，外界空气经袋式过滤器吸入后，对米粒进行吹干，最终得到不淘洗米产品。洗米后的污水经泵送入污水处理装置处理后可以循环使用，沉积物可以做肥料。

二、米制品生产工艺

1. 方便米饭生产工艺

（1）方便米饭的种类。方便米饭的种类较多，主要包括以下几类：

1）罐头米饭。将一定量的大米与水置于金属罐中，蒸煮后进行抽气、卷边、加热杀菌后，即制成罐头米饭。罐头米饭是方便米饭的最早产品。罐头米饭含水分约60%，常温下可储存5年，于开水中加热5～15分钟即可食用，但携带不便。

2）α化米饭。α化米饭又称速煮米饭、脱水米饭、即食米饭。是将大米淘洗、浸泡，经汽蒸或炊煮，再用热空气干燥而成。其含水量为5%～10%，常温下可贮存2～3个月，加开水浸泡5～20分钟即可食用。

3）软罐头米饭。生产工艺见后。软罐头米饭产品水分含量约60%，常温下可贮存1年。食用时，将蒸煮袋直接置于开水中加热5～10分钟或用微波炉加热2分钟。

4）速冻米饭。将用普通方法蒸煮的米饭装入袋中，迅速冷却，于−18℃低温下保存即成速冻米饭。速冻米饭产品水分含量约60%，−18℃下可保存一年，汽蒸5～15分钟或微波炉加热5分钟便可食用。

5）冷冻干燥米饭。将大米炊煮成米饭后，先冻结至冰点以下，使米饭中水分变成固态的冰，然后在较高真空温度下，将冰直接转化为蒸汽而除去即制成冷冻干燥米饭。水分含量约2%～5%，常温下可贮存3年，开水浸泡后可食用。

6）无菌包装米饭。大米被炊煮成米饭后，于无菌室内进行包装、密封即成无菌包装米饭。水分含量约60%，常温下可贮存6个月，食用时置于开水中直接加热15分钟或在微波炉中加热2分钟即可。

7）冷藏米饭。将炊煮熟的米饭包装后于冷藏状态下保存即制成冷藏米饭。水分含量约60%，常温下可贮存2个月，食用时汽蒸10分钟或用微波炉加热2分钟即可。

（2）软罐头米饭生产工艺。生产软罐头米饭时，将炊煮熟的米饭或一定量的大米与水，或半生半熟米饭，充填密封在蒸煮袋内加压加热杀菌。实际生产中，往往是将半生半熟米饭直接填充密封在蒸煮袋内。其生产工艺流程和工艺要点如下：

大米→淘洗→浸泡→预煮→拌匀→袋装密封→装盘→蒸煮杀菌→蒸煮袋表面脱水→软罐头米饭

1）预煮。预煮就是将大米预先煮成半生半熟米饭。预煮时间一般为25分钟左右，米粒松软即可。

2）袋装密封。按规定的包装重量，使用全自动充填密封包装机，将拌匀后的材料逐一装袋、密封。包装材料目前常常采用的是复合薄膜。

3）装盘。将袋装的半成品人工装入长方形蒸煮盘内，均匀排列，每个蒸煮盘可以装60袋。然后将蒸煮盘装入专用的手推车，每车装10～11个蒸煮盘。

4）蒸煮杀菌。将装好半成品的手推车推入高压杀菌锅内进行蒸煮杀菌。通过此工序既要使淀粉全部糊化，又要达到高温杀菌的目的。蒸煮杀菌时温度一般为105℃，时间为35分钟。使用的高压杀菌锅能在1分钟内快速升温或冷却，温度压力和时间可自动调节自动记录，加热均匀，杀菌可靠。

5）蒸煮袋表面脱水。经高温蒸煮杀菌后的软包装袋表面脱水装置的主要工作构件为特殊海绵制成的一对轧辊，进袋、出袋使用输送带。如果要求蒸煮袋表面完全干燥，可用小型热风机吹拂。

2. 方便米粥生产工艺

米粥作为一种流食，适合婴幼儿、老年人及病人食用，但其熬制时间较长，制作不方便，研制开发方便米粥产品便可解决这一矛盾。方便米粥的生产工艺流程和工艺要点如下：

大米→真空干燥→煮沸→水洗→冷冻干燥→方便米粥

（1）真空干燥。将水分含量为14%左右的大米置于真空干燥机内，通过真空干燥，使其水分含量降至12%～13%，重量减少2%～3%，米粒表面龟裂达到90%～100%。真空干燥的目的是使米粒产生细孔和细微龟裂，防止米粒在后序工作中破裂损坏，产品复原性好。

（2）煮沸。将真空干燥后的米粒，投入为其重量8倍的沸水中加热，煮沸1～2分钟。煮沸结束后，继续以95℃左右加热20～40分钟，使米粒进一步膨胀促使淀粉糊化。

（3）水洗。将经上述处理后的大米立即放入冷水中，充分水洗，去掉米粒间黏液，否则干燥后的产品复原性差。将水洗后的米粒晾干，用1%食盐水浸渍，以排除米粒中多余的水分，使产品复原性更为理想。盐水处理后同样需要晾干。

（4）冷冻干燥。冷冻干燥的目的是保持米粒的多孔性结构。方法之一是将水洗、盐水处理后的大米置于真空冷冻干燥机中，以－30℃冷冻后，在 80℃、真空度 400 Pa 条件下干燥 12 小时，最终能得到水分含量 2%、密度为 0.12 g/cm^3 的方便米粥产品。食用时，加入为米粒重量 8 倍的热水或温水，保持 2～3 分钟，产品即可复原成粥状。

3. 米粉生产工艺

米粉是以大米为原料经碾磨或舂制而成的粉状物料。是一种廉价方便的米制品，深受广大消费者的喜爱。米粉生产流程和工艺要点如下：

大米→洗米→浸泡→磨浆→蒸粉→压片、挤丝→复蒸→降温→干燥→即食面粉

（1）洗米、浸泡。磨浆前必须进行洗米、浸泡。用高速水流反复冲洗大米，可以洗去灰尘及轻杂，保证产品质量。浸泡时间以 2～4 小时为宜，此时大米水分含量为 30%左右。目前常采用射流式洗米机完成洗米、浸泡作业，并将浸泡后的大米输往钢磨进行磨浆。

（2）磨浆。米浆浓度取决于磨浆时的加水量，不同类型、等级的大米的加水量是不同的。加水量以 25%～30%为宜，这样磨出的米浆含水量为 58%～62%。磨浆设备使用两台串联的钢磨。头道粗磨，二道精磨。磨出的米浆经 34 目筛过滤，流入吸干机脱水后便为湿粉料。为使湿粉料便于成型，其水分含量在 38%～45%范围内较适宜。

（3）蒸粉。将脱水后的湿粉料送往蒸粉机，经过蒸汽加热使粉料逐步糊化。蒸粉合理参数为蒸汽压力：2×10^5～2.5×10^5 Pa，蒸料时间为 1.5 分钟。蒸粉料的温度为 96℃左右。蒸制后的粉料由刮刀刮落至压片机。

（4）压片、挤丝。压片有两个作用，一是使初步糊化的粉料组织得到改良，二是使压榨成型后的粉片在输送带上运行时自然挥发出部分水分，并降低粉片的温度，有利于提高挤丝成型质量。

（5）复蒸。落到输送带上的米粉丝以 0.4 米/分钟速度通过长 6 米的复蒸室的时间为 15 分钟。蒸汽压力应控制在 0.8×10^5～1×10^5 Pa。复蒸后的米粉丝离开复蒸室时，被转速为 1.89 转/分钟的滚动切刀切成 120 毫米的小段，其水分含量应低于 46%。

（6）降温。切断后的米粉丝在长 8 米的风冷降温机输送带上，以 0.4 米/分钟的速度缓慢移动，输送带上方加 2 台轴流风机，经风冷降温。降温时间为 20 分钟，水分含量降低 1.5%～2.5%，米粉丝温度接近室温。

（7）干燥。热风干燥的目的是排除水分，固定组织和形状，便于保存。即食米粉在热空气的对流与辐射作用下不断干燥直至达到要求。

第三节 小麦面粉的加工

小麦粉一般可以分为两大类，一类是通用小麦粉，另一类是专用小麦粉。通用小麦粉包括习惯上的等级粉和标准粉；专用小麦粉指根据不同面食品种对小麦面粉不同的品质要求，选配的适应不同食品独特要求的面粉，包括面包粉、饼干粉、馒头粉和面条粉等，还包括高筋小麦粉和低筋小麦粉等品种。在数量上，通用小麦粉占主导地位。但专用小麦粉是今后的发展方向，其加工的流程如下：

一、麦路

面粉厂将各种清理设备如初清、润麦、净麦等组合在一起，构成清理流程，成为麦路。

1. 原料中杂质的清除

原粮品质的好坏直接影响着面粉的品质。小麦在收割、脱粒、堆晒、运输和贮藏等过程中难免会混入各种各样的杂质，在小麦磨粉之前如不将原料中所含有的杂质清理干净，就会降低面粉的纯度，影响面粉的质量。

小麦中杂质的清理要根据各种杂质与小麦的体积差异、比重差异、流速差异、导磁性差异、强度差异及性状上的不同等物理性质的差异而选择相应的设备和方法。大型的杂质与植物茎叶等，一般在初清筛上去掉；石子等在去石机上去掉；大麦、燕麦、芥子等植物种子在碟片清选机上去掉；灰尘杂质则在风选机上去掉；而麦粒上附着的灰尘和麦毛、麦壳则在打麦机上去掉；金属杂质在磁选机上去掉。

经过清理的小麦，要求尘芥杂质不超过0.3%，其中砂石不超过0.02%，粮谷杂质不超过0.5%，不含金属杂质。

2. 小麦的水分调节

经过清理的净麦，在碾磨之前需要进行水分调节，即着水润麦。着水润麦就是向小麦中加水。吸水后的小麦在润麦仓中放置一段时间，使麦粒表面的水分渗透到麦粒的内部，使麦粒的水分重新调整以改善小麦制粉性能。

润麦的目的主要是使麦皮与胚乳结合松弛；小麦皮坚硬而有弹性，加工中麸皮不易破碎，较大块的麸皮容易筛分出去；胚乳变得疏松，硬度降低，使碾磨高效省力，保障面粉合乎标准；加温水调节，还可以改善面粉的烘焙性质，提高面粉的使用和加工品质。

3. 小麦配料技术

由于小麦品种间品质存在差异，若直接用于加工面粉，品质难以稳定，又不容易满足食品的需求，所以通常采用配麦。根据不同食品专用小麦的质量要求，将不同品质类型的小麦按照国家和国际相关标准，配成各种食品所需要专用粉的原料。因此，配麦是专用粉加工的主要环节。在生产专用小麦粉时，从小麦量和质两个方面设计实验，并将最佳结果进行统计分析，得出不同品种的优良组合（比例）。

二、粉路

在制粉过程中将研磨、筛理、刷麸、清粉等制粉工序组合起来，对净麦按一定的产品等级标准进行加工的生产过程称为制粉流程，也叫粉路。

制粉是小麦加工最复杂也是最重要的阶段。制粉的目的是将经过清理和水分调节后的小麦通过机械作用的方法，加工成适合不同需求的小麦粉，同时分离出副产品。根据小麦子粒的特殊组成结构，制粉过程的关键是如何将胚乳与麦皮、麦胚尽可能完全地分离。实际生产中，麦皮不可避免地或多或少混入胚乳当中。因此，制粉要解决的首要问题是如何保证高的出粉率和小麦粉中低的麦皮含量，这也是制粉过程的复杂所在。

制粉过程主要包括研磨、筛理、刷麸、清粉。

第一步，研磨。研磨工作是利用研磨机械对物料施以压力、剪切和剥刮作用，将清理和润麦后的净麦剥开，把其中的胚乳磨成细粉，并将黏结在表皮上的胚乳剥刮干净。研磨的主要设备是辊式磨粉机，此外还有较为原始的盘式磨粉机、锥式磨粉机、石磨等。辊式磨粉机是目前粉厂主要的磨粉机械。

第二步，筛理。筛理的主要作用是把研磨撞击后的物料混合物按照颗粒的大小和比重的不同进行分级筛选出小麦粉、小麦子粒，经一道研磨后，得到的是颗粒大小及质量不同的混合物，其中有麸皮、麦渣和麦心及面粉，必须通过一定的筛理设备筛取面粉，并将其他物料按照颗粒的大小分成麸皮、麦渣和麦心，送往不同的研磨系统处理。筛理是制粉工作中重要的环节，常用的筛理设备有平筛、圆筛，专用处理麸皮的设备有打麸机和刷麸机，它们也属于筛理设备。

第三步，刷麸。刷麸是利用转动的刷子刷下残留在麸片上呈松散状的胚乳，使其穿过筛孔。由于刷麸机能分离麸皮上黏附的粉粒，起到磨粉机和平筛所不易起到的作用，所以在制粉厂中被广泛应用。

第四步，清粉。清粉的作用是通过气流和筛理的联合作用，将研磨过程中各系统提取的麦渣、麦心按质量分成麦屑、带皮的胚乳和纯胚乳粒三部分，以实现对麦渣、麦心的提纯，以便获得纯粉粒后再进行研磨，可以提高上等粉的出粉率和质量。单纯筛理不能实现清粉，因此在磨制高级小麦粉并要求有较高出粉率的面粉厂，清粉机不可缺少。

三、小麦的制粉方法

1. 一次粉碎制粉

一次粉碎制粉是最简单的制粉方法。其特点是只有一次粉碎过程。小麦经过高速旋转的粉碎机械被剪切和撞击粉碎，通过筛孔用吸风排除，直接进行筛理并制成小麦。一次粉碎制粉很难实现麦皮与胚乳的完全分离，胚乳粉碎的同时，也有部分麦皮被粉碎，而麦皮上的胚乳也不容易被刮干净。因此，一次制粉的出粉率低，小麦粉质量差，多用于加工全麦粉或工业用小麦粉，不适合制作高等级的食用小麦粉，农村称其为“一风吹”，面粉温度很高，破坏了面粉的营养口味。

2. 简化分级制粉

将小麦进行研磨后筛成小麦粉，剩下较大的颗粒混合在一起，进行第二次研磨，这样重复数次，小麦每经过一道研磨设备提取一定量的面粉和一种筛上物，直到获得所要求的出粉率。通常农村采用五遍磨连续生产，称为“一条龙”制粉。这种方法不提取麦渣和麦心，所以单机就可以生产。

3. 逐步研磨筛选分级制粉

小麦在研磨过程中经过几道研磨系统，在生产的物料被分离成麸片、麦渣、麦心和粗粉，然后按照它们的质量和精细程度分别送入各自相应的研磨系统中进行研磨和筛理，这样可以提高加工工艺的效果。国内以前广泛采用的“前路出粉”生产标粉，基本上属于这种类型。适于磨制高出粉率、高产量的面粉，也能够生产不同质量的等级粉，但上等出粉率较低。

4. 逐步研磨分级精选制粉

从整粒小麦或再制品中提取麦渣、麦心分别送往精选设备，再提取纯的胚乳，送往心磨研磨成粉。在前几道研磨系统中尽可能多地提取麦渣、麦心和粗粉，并将提取的麦渣、麦心送往清粉机，按照颗粒大小和质量分级提纯。精选出的纯度较高的麦心和粗粉送入心磨系统磨制高等级的小麦粉，精选出的质量较次的麦心和粗粉送往相应的心磨系统中磨制质量较低的小麦粉。由于出粉率的重点放在心磨系统，故这种制粉方法又称做“中路出粉法”。这种制粉方法在国外被广泛应用。高等级的面粉出粉率较高，国内加工精度高的面粉也采用这种方法。

第四节　主要麦粉制品的加工工艺

一、馒头的加工工艺

馒头和各式蒸包是中国特有的面制发酵食品，在人们生活中占有重要地位。过去馒头制作多以家庭、作坊为主，生产发展较慢。近年来，随着主食品加工社会化的需要，馒头和各式蒸包生产在机械化、冷冻保藏等方面已取得一定进步。但各地对馒头和蒸包的生产工艺制作不尽相同。一般加工技术如下：

1. 原料

面粉一般采用中筋粉，发酵剂主要为面种、酵母等，食用碱即为纯碱，水、糖、乳化剂等。

2. 工艺流程和工艺要点

馒头生产有面种发酵法、酒酿发酵法和纯酵母发酵法。其工艺流程和工艺要点如下：

原料→和面→发酵→中和→成型→醒发→汽蒸→冷却→成品

（1）和面。取70%左右的面粉、大部分水和预先用少量温水调成糊状的面种。在和面机中搅拌5～10分钟，至面团不粘手、有弹性、表面光滑时投入发酵缸，面团温度要求30℃。

（2）发酵。在室温26～28℃、相对湿度75%左右的发酵室内发酵约3小时。至面团体积增长1倍，内部蜂窝组织均匀、有明显酸味为止。

（3）中和，即第二次和面。将已发酵的面团投入和面机，逐渐加入溶解的碱水，以中和发酵后产生的酸度。搅拌10～15分钟至面团成熟。加碱合适，面团有碱香、口感好；加碱不足，产品有酸味；加碱过量，产品发黄、表面开裂、碱味重。

（4）成型。把第二次和好的面团装入蒸屉内进行醒发。

（5）醒发。温度为32～36℃，相对湿度80%左右，醒发时间15分钟。

（6）汽蒸和冷却。蒸熟后，冷却5分钟或自然冷却后进行包装。

二、面包的加工技术

面包是许多国家的主食，在中国也是重要的面制食品之一，年产量为80万吨左右。面包的种类按质地可分为软质面包、硬质面包，介于二者之间的脆皮面包和内部分层次的丹麦酥皮面包；按食用用途可分为主食面包和点心面包，中国内地则按配料分为普通面包和花式面包。目前，面包生产的趋势为品种向点心化发展，规模向中小型发展，前店后厂的面包店有利于产品销售。

1. 原料和辅料

面包的基本原料有面粉、酵母、食盐和水，其余的则为辅助原料。

（1）面粉。生产面包宜采用筋力较高的面粉。

（2）酵母、食盐、水。目前广泛采用即发活性干酵母进行面团发酵；精致食盐。

（3）油脂、蛋品、乳品、果料。普通面包一般只采用适量的糖和油脂，花式面包除糖和油脂外还应使用一定量的蛋品、乳品和果料。从油脂工艺性来看，固体油脂（如起酥油和人造奶油）要比液体油好。

（4）面制改良剂。主要有氧化剂、还原剂、乳化剂、酵母食品、酶制剂、硬度和pH值调节剂等。

2. 工艺流程

面包生产工艺有一次发酵法、二次发酵法、速成发酵法、液体发酵法、连续搅拌法和冷冻面团法等，现在面包制作工艺虽然很多，但都是在传统工艺基础上发展起来的。国内外通常采用的工艺流程如下：

(1) 一次发酵法：

调制面团→发酵→分割搓圆→中间醒发→整形→入盘→最后醒发→烘烤→冷却→包装

(2) 二次发酵法：

调节种子面团→发酵→调制主面团→延续发酵→分割搓圆→（以后工艺同一次发酵法）

(3) 速成发酵法：

调制面团→静置→压片→分割搓圆→（以后工序同一次发酵法）

3. 面团基本配方

一次发酵法和速成发酵法的配方如下：

(1) 一次发酵法：面粉 100%，水 50%～65%，即发酵母 0.5%～1.5%，食盐 1%～2%，糖 2%～12%，油脂 2%～5%，奶粉 2%～8%，面包添加剂 0.5%～1.5%。

(2) 速成发酵法：面粉 100%，水 50%～60%，即发酵母 0.8%～2%，食盐 0.8%～1.2%，糖 8%～15%，油脂 2%～3%，鸡蛋 1%～5%，奶粉 1%～3%，面包添加剂 0.8%～1.3%。

具体使用时各原料的用量应根据不同品种调整。

4. 工艺要点

主要有以下 6 道工序：

(1) 调制面团。一次发酵法和速成发酵法的投料顺序为：先将水、糖、蛋和面包添加剂在搅拌机中充分搅匀，再加入面粉。把奶粉和即发酵母搅拌成面团，当面团已经形成，面筋尚未充分扩展时加入油脂，最后在搅拌完成前 5～6 分钟加入食盐，搅拌后的面团温度应为 27～29℃，搅拌时间一般在 15～20 分钟。

二次发酵法的投料顺序为：将种子面团所需要的全部原料于搅拌机中搅拌 8～10 分钟，面团终温应控制在 24～26℃进行发酵。再将主面团的水、糖、蛋和添加剂投入搅拌机搅拌均匀，并加入发酵好的种子面团继续搅拌使之拉开，然后加入面粉、奶粉搅拌至面筋初步形成。当加入油脂搅拌到与面团充分混合时，最后加入食盐搅拌至面团成熟。搅拌时间一般为 12～15 分钟，面团终温为 28～30℃，面团搅拌成熟的标志为表面光滑、内部结构细腻，手拉可成半透明的薄膜。

(2) 面团发酵。发酵室理想温度为 28～30℃，相对湿度为 75%～85%。一次发酵法的发酵时间为 2.5～3 小时，当发酵到总时间的 60%～75%时进行翻面，发酵成熟度的判断可用手按法，用手指轻轻按下面团，手指离开后面团既不弹回也不下落，表示发酵成熟。二次发酵法的种子面团发酵时间为4～5小时，成熟时应能闻到比较强烈的酒香和酸味。主面团的发酵时间为20～60分钟不等，成熟面团碰撞，弹性下降，表面略成薄感，手感柔软。

(3) 整形与装盘。用手或机械将面团压片，卷成面卷、压紧后做成各种形状，手工适于制作花色面包，机械适于制作主食面包，花色面包用手工装入烤盘，主食面包可以从整形机直接落入烤盘。

(4) 最后醒发。温度32～34℃，相对湿度85%左右，时间55～65分钟。

(5) 烘烤。其温度和时间与生坯中体积、高度和面团配方等因素有关，很难作统一规定。一般的原则是体积小、重量轻，配方中糖、蛋、乳用量较少。坯形较薄的应采用高温短时间烘烤，反之应进行低温长时间的烘烤。

(6) 冷却与包装。烘烤完毕的面包，应采用自然冷却或通风的方法使中心温度降至35℃左右再进行切片或包装。

三、拉面的加工工艺

拉面制作在中国流传已久，是北方地区人们的传统主食，因其具有良好的口感和品质，操作方便，深受全国人民的喜爱。拉面的制作巧妙地利用了所含成分的物理性质，即面筋蛋白质的延伸性和弹性。一般加工技术如下：

第一步，选料。选择中等筋力的面粉，且面团的延展性好、有弹性，这是拉面制作成功的前提条件。

第二步，和面。和面是拉面制作的基础和关键，尤其注意的是水温，一般要求和好的面团始终保持在30℃，因为此时面粉中的蛋白质吸水性能最高，面筋生成率也最高，质量最好，即延展性和弹性最好，最适宜抻拉。若温度低于30℃，则蛋白质的吸水性和质量也会随着温度的下降而下降。超过30℃，同样也会降低面筋的生成，当温度达到60℃时，则会引起蛋白质的变性，而失去其性能。

第三步，醒面。即将和好的面团放置一段时间，其目的也是促进面筋的生成。放置还可以使没有充分吸收水分的蛋白质有充分吸收积水时间，以提高面筋的生成和质量。

第四步，溜条。将醒好的面团放在面板上，搓成圆条，然后用两手握住条的两端，抬起在案板上用力摔打，条拉长后，两端对折，继续握住两端摔打，如此反复。

第五步，出条。将溜好的面条放在案板上，手握两端，两臂均匀用力加速向外抻拉，然后两头对折，使面条形成绞索状，同时往外面抻拉。面条拉长后，再把右手钩住的一段套在左手指上，右手继续钩住另一端抻拉。抻拉时速度要快，用力均匀，如此反复。抻拉是一项技术性很强的工作，初学者很难掌握要领。

四、方便面的加工技术

方便面是仅次于面包的国际性方便食品。20 世纪 80 年代以来，中国的方便面生产发展迅速，现有生产线 1 700 多条，年产量超过 100 万吨。方便面的种类主要分为油炸方便面、非油炸方便面等。目前，油炸方便面占总产量的 90%左右，且今后一段时间仍将是方便面的主导产品。

1. 原料和辅料

除面粉外有油脂、抗氧化剂、面制改良剂、色素等。

2. 工艺流程

几种主要的方便面的基本流程如下：

方法一：原辅料预处理→和面熟化→压片切条→波纹成型

方法二：蒸面→切块折叠→入模→油炸干燥或热风干燥→冷却→加汤料→包装

方法三：蒸面→着味→切块入模→油炸→冷却→装碗→加汤料→加盖→包装

3. 工艺要点

(1) 和面、熟化、压片、切条。

(2) 波纹成型。面片由面刀纵切成条后垂直落入波纹成型导箱内，经导箱下面短网带的慢速输送形成波纹。

(3) 蒸面。一般采用倾斜式连续蒸面机。

(4) 着味。该工序有的设在蒸面与切断之间，有的设在入模与干燥之间，用于生产调味方便面，方法为喷淋调味液或浸渍。

(5) 切断折叠入模。从连续蒸面机出来的熟面带被旋转式切刀和托辊按一定长度切断，即完成面块的定量操作。

(6) 干燥。主要有油炸干燥和热风干燥两种方式。

(7) 冷却、包装。在冷却机内经吹风强制冷却至室温或略高于室温，然后加入调味汤料，进入自动包装机，完成包装。

(8) 汤料制备。汤料是决定营养价值和口味的关键，也关系到产品的档次和等级。

五、饼干的加工技术

饼干的种类按其工艺主要可分为韧性饼干、酥性饼干、苏打饼干、咸化饼干、夹心饼干、曲奇饼干。20 世纪 80 年代中期以来，中国的饼干生产空前发展，年产量已超过 100 万吨，品种有十几个系列。其中采用新工艺——半发酵法生产的薄脆饼干由于口感酥脆、风味独特，一直受到消费者青睐。其加工工艺如下：

1. 甜薄饼干的原料和基本配方

宜采用筋力较低的面粉。基本配方见表 4—2。

表 4—2　　甜薄饼干的基本配方

原料	用量（%）	原料	用量（%）
面粉	100	小苏打	0.6～0.8
白砂糖	24～30	碳酸氢铵	1～1.5
转化糖浆	2～3	焦亚硫酸钠	适量
油脂	12～16	酵母	0.03～0.04
全脂奶粉	2～4	饼干松化剂	0.03～0.04
鸡蛋	2～4	香精	适量
食盐	0.8～1	—	—

2. 工艺流程（半发酵法）和工艺要点

第一次调制面团→发酵→第二次调制面团→静置→
面片压延→成型→烘烤→喷油→冷却→包装

第一次面粉用量为面粉总量的 1/3～2/3，面团温度 30～32℃，发酵时间 6～10 小时。第二次调制面团和静置投料顺序为：将种子面团、余下的面粉、油脂、奶粉、糖投入调粉机，开动搅拌，再加入事先溶解的碳酸氢铵、香精、小苏打。当快要形成面团时，加入配好的焦亚硫酸和饼干松化剂溶液，继续搅拌到面团手感柔软、弹性明显降低、手拉可成薄膜时调制完毕，时间为 25～30 分钟，面团温度为 34～36℃。出料后，面团在面槽中静置 15～20 分钟，进入下道工序压延成型。面团通过 3 对压辊，逐渐压薄至厚度为 1～1.2 毫米进行辊切成型。印模以有针眼、无花纹或少有凹形花纹、圆形有花边的为好。

思　考　题

1. 简述稻米的加工流程。
2. 简述不淘洗米生产工艺流程。
3. 简述面粉加工工艺流程。
4. 简述方便面的加工艺流程。
5. 简述饼干加工工艺流程。

第五章　果 蔬 加 工

在日常生活中，果蔬是人体维生素、矿物质和有机酸等营养成分的主要来源，能满足人体的正常生长活动需要。我国是果蔬生产大国，产量位居世界首位，而果蔬加工已成为果蔬种植业规模化的重要环节。果蔬的加工制品主要包括果蔬干制、腌制、汁制、糖制、酿造制品和罐头制品等。随着人们生活质量和对健康要求的不断提高，人们对果蔬制品的要求逐步向新鲜、方便、营养、安全的方向转变。

第一节　果蔬原料的预处理

果蔬加工，是以新鲜的水果、蔬菜为原料，通过不同的加工工艺，制成各种各样食品的过程。各种原料在加工之前，都要进行必要的预备性处理，各种加工工艺虽不相同，但对原料的预处理却基本相同，主要有原料的选择、分级、清洗、去皮、去心、切分和破碎等处理。

一、原料的分级

原料在进行分级之前，先要进行一下粗选，以剔除不符合加工要求的果蔬原料。这主要包括剔除腐烂、病虫害原料，未成熟或成熟过度的原料，残、次及机械损伤严重的果蔬原料。这样不仅有利于加工操作，提高生产效率，还提高了产品的质量。

原料的分级主要包括大小分级、成熟度分级和色泽分级等。

1. 大小分级

大小分级可以分为手工分级和机械分级两种。

（1）手工分级。通常是在机械设备较差或生产规模不大时使用，还可配备简单的辅助工具，如圆孔分级板、分级筛、分级尺等，以提高工作效率。其中分级板和分级筛适用于豆类、马铃薯、洋葱及部分水果的分级，而分级尺主要适用于蘑菇等的分级。

（2）机械分级。机械分级可大大提高分级效率，且分级均匀一致。常用的分级机械如下：

1）滚筒式分级机。其主要部件为滚筒，在滚筒上面有不同孔径的几组漏孔，后组的孔径逐渐比前一组增大，在每一组孔径的滚筒下面装有集料斗。当原料进入时，小于第一组孔径的，从第一级筒筛落入料斗，为一级，以此类推。整个滚筒装置有3～5度的倾角，可使原料从筒内向出口处运动，适用于山楂、蘑菇及豆类的分级。

2）振动筛。适用于苹果、梨、李、杏、柑橘等圆形原料的分级，这种机械本身为带有孔的金属板或不锈钢制成，通过机体沿一定方向的往复运动对原料进行分级，出料口有一定的倾斜度。

3）分离输送筛。分离输送筛是一种皮带分离机，由若干组成对的橡皮带构成，每对橡皮带之间的间隙由始端向末端逐渐加宽，形成"V"形。原料进入输送带始端，两条输送带以同样的速度带动原料向末端运动，带下装有各档集料斗，根据小的原料先落下，大的原料后落下的过程进行分级。这种分级方法的效率高，设备简单，但分级不太严格且调整较费时。

2. 成熟度分级

对于特殊的原料，也有一些特殊的分级方法，如豆类中的豌豆，在国外主要通过盐水浮选法进行分级，分级原理是根据成熟度高的豌豆淀粉含量较高，因此相对密度较大，可在特定的相对密度盐水中上浮或下沉，因而将其分开。但这种分级方法受豆粒内空气含量的影响，所以常在豆粒烫漂后装罐前进行分级处理。

二、原料的清洗

原料的表面黏附着灰尘、泥沙及大量的微生物，所以为了保证原料的清洁卫生，原料在加工前必须清洗，以除去表面的泥土等杂质，减少微生物的数量，也保证了食品的安全。

原料清洗用水一般为软水，而蜜饯、果脯和腌渍原料的清洗可以用硬水。水温一般是常温，有时为了提高清洗效果，也可以用热水，但对于柔软多汁、成熟度较高的原料不适宜。在洗前先用水浸泡更有益于污物的去除，必要时还可用热水浸泡。

对于原料上残留的农药可用化学药品进行清洗，清洗时，先在常温下浸泡几分钟，再用大量的清水洗去化学药品。常用的化学药品及使用方法见表5—1。

表5—1　　几种清洗用的化学药品及其用法

药品名称	浓度	温度及处理时间	处理对象
氢氧化钠	1.5%	常温数分钟	具有果粉的果实，如苹果
漂白粉	有效氯	常温3～5分钟	柑橘、苹果、桃、梨、番茄等
高锰酸钾	600毫克/千克	常温10分钟	枇杷、杨梅、草莓、树莓等
盐酸	0.1%～0.5%	常温3～5分钟	苹果、梨、樱桃、葡萄等具果粉的果实

原料的清洗过程可用人工清洗，也可用机械清洗。手工清洗只需一个洗涤水槽即可进行，适用于任何种类的果蔬清洗。优点是操作简单易行，投资设备少，但具有工作效率低、

劳动强度大的缺点。机械清洗是根据原料种类、被污染程度、耐压耐摩擦程度以及加工制作的不同，采用不同的机械来进行清洗的方法。常用的洗涤设备有滚筒式洗涤机（适用于质地较硬，不怕机械损伤的原料，如李、桃、胡萝卜等）、喷淋式清洗机和压气式清洗机（适用于番茄等柔软多汁的果品清洗）及桨叶式清洗机（适用于胡萝卜、甘薯、芋头等较硬原料）等。

三、去皮

去皮是因为有的原料外皮粗糙、坚硬、口感不良，进而影响加工产品的风味。如柑橘外皮含有精油和苦味物质；龙眼、荔枝的外皮木质化；竹笋的外壳高度纤维化，不可食用等。所以这样的原料在加工时一般应去皮，但在加工某些果脯、蜜饯、果汁和果酒时因为打浆、压榨等原因可不用去皮，腌渍蔬菜时也可不去皮。去皮时也不要过度，只去掉不可食用和影响加工制品品质的部分即可，否则会增加原料的消耗，且产品的质量也会下降。去皮的主要方法有手工去皮、机械去皮、碱液去皮和热力去皮等。

1. 手工去皮

利用特质的刀、刨等工具的人工去皮，应用范围较广，尤其在原料质量较不一致时优点更为突出。该方法的优点是去皮干净、损失率小，还可去心、去核、切分等同时进行，并兼有修整的作用。缺点是费工、费时、生产效率低，不适合大规模生产。对于柑橘、苹果、竹笋、仙人掌、瓜类等原料的加工常用手工去皮。

2. 机械去皮

是利用专门的机械进行原料去皮。该方法的优点是生产效率高，产品质量好。缺点是原料在去皮之前要有较严格的分级，为防止制品褐变，制品内重金属含量的增加，机械与原料接触的部分要用不锈钢制造。常用的机械去皮机如下：

（1）旋皮机。原理是在特定的机械刀架下将原料皮旋去，适用于苹果、梨、菠萝等大型水果的加工。

（2）擦皮机。利用内表面的金刚砂，表面粗糙的转筒或滚轴，借摩擦力擦去表皮，适用于马铃薯、甘薯、胡萝卜、仙人掌等的加工。

（3）专用去皮机。主要是青豆、黄豆及菠萝等采用专用去皮机来完成。

3. 碱液去皮

原料在一定浓度和温度的强碱溶液中处理一定时间后，果皮即被腐蚀，然后取出，立即用清水冲洗或搓擦，果皮即脱落，最后洗去碱液。这种方法适用于桃、李、苹果、梨、胡萝卜等的去皮及橘瓣脱囊衣。碱液去皮的优点是适用性广；操作适当时，原料的损失率较低，利用率较高；可节省人工、设备等。碱液去皮时要注意安全，因为碱液的腐蚀性较强，要用耐碱腐蚀的不锈钢容器或搪瓷、陶瓷，不能用铁铝制成的容器。

原料在碱液处理的过程中，由于果皮中所含的酸会将碱液稀释，所以要及时补加碱液以维持一定的浓度。处理后须立即将原料浸入冷水中，同时搓擦、淘洗以除去果皮渣及黏附的余碱。直至果块表面无滑腻感，口感无碱味为止。为了迅速漂清碱液，可先经 0.25%～0.5%的稀柠檬酸或 0.1%的稀盐酸溶液浸泡几秒钟后，再移入冷水中清洗，这样还有防止原料变色的作用。

碱液去皮的实质是碱液对果皮细胞的腐蚀性。其去皮效果与碱液浓度、处理时间、碱液温度和原料种类都有关。碱液浓度过稀、处理时间不够，果皮不易被冲洗脱落；相反，碱液浓度过高、处理时间过长，易腐蚀果肉，不仅浪费了原料，还会使果肉表面凹凸不平。最佳处理效果为达到腐蚀皮层而不烂及肉质为宜。一些常见的果蔬碱液去皮的适宜条件见表 5—2。

表 5—2　　几种果蔬碱液去皮的条件

果蔬种类	NaOH 浓度（%）	碱液温度（℃）	处理时间（分钟）
桃	2.0～6.0	>90	0.5～1.0
李	2.0～8.0	>90	1～2
猕猴桃	2.0～3.0	>90	3～4
橘瓣	0.8～1.0	60～75	0.25～0.50
杏	2.0～6.0	>90	1.0～1.5
苹果	8～12	>90	1～2
梨	8～12	>90	1～2
甘薯	4	>90	3～4
胡萝卜	4	>90	1.0～1.5
茄子	5	>90	2
马铃薯	10～11	>90	2

碱液去皮有浸碱法和淋碱法两种。浸碱法是将一定浓度的碱液装在特制的容器中，然后将原料浸一定时间后取出摩擦去皮等，这一过程可人工操作，也可机械完成。淋碱法是将热碱液喷淋于传送带上的原料，淋过碱的原料进入转筒内，在冲水的过程中与转筒的边翻滚摩擦去皮。

4. 热力去皮

原料在高温短时间的处理下，表面迅速变热，膨胀破裂，表皮和果肉间的原果胶发生水解失去胶凝性，使之与果肉分开，易于除去果皮。热力去皮时原料损失少，色泽和风味好，但较适用于皮易剥离的原料，所以此法对于成熟度较高的原料较为适用。

四、原料的切分、去心、去核及修整

体积较大的原料在干制、罐藏、蜜饯、腌制及速冻时，为便于加工，需进行适当的切分。对于仁果类的原料加工时要去心，核果类的原料加工时要去核，在罐藏加工时，还需对原料进行修整，如去除柑橘未去净的囊衣，去除残留的果皮、果心组织及有色斑点和病变组织，这样可以保证罐头制品良好的外观形态。在加工枣、金橘、梅等原料时还须划缝、刺孔，柑橘类制罐时还须去除种子。

这些原料的处理过程可以人工完成，也可以机械完成。对于生产规模不大的小企业多由人工完成，需借助一些辅助工具，如核心器、刺孔器。机械完成所需的机械主要有劈桃机，可将桃切半去核；多功能切片机，用于多种原料的切片、切块和切条等；专用切片机，如菠萝切片机、青刀豆切片机和蘑菇定向切片机等。

第二节　果蔬干制

果蔬自身含有大量的水分和丰富的营养物质，是微生物良好的培养基，所以，易被微生物感染，造成果蔬腐烂变质。同时大量的水分也会使果蔬新陈代谢旺盛，加快果蔬的腐烂。果蔬干制是通过脱掉果蔬一定量的水分，来抑制微生物的生长和酶的活性，从而延长果蔬制品的货架供应期。

一、原料的选择与处理

1. 原料的选择

（1）水果原料。干制水果原料要求水分含量低，纤维素含量低，干物质含量高，核小皮薄，风味良好，成熟度在8.5～9.5成，如苹果、梨、桃、杏、葡萄等。对于具体的水果又有特殊的要求，如苹果，要求果实成熟而不发绵，干物质含量不低于12%，含糖量高，单宁含量低；桃，要求离核，质地致密而少汁液，果肉金黄香气浓；葡萄，要求含糖量在20%以上。同一种类不同品种的原料干制适宜性也各不相同。

（2）蔬菜原料。干制蔬菜原料要求肉质厚密、组织致密、粗纤维少、新鲜饱满、色泽好、废弃物少，如甘蓝、萝卜、青刀豆、番茄等。不同的蔬菜干制要求也有一定的差异。如甘蓝，要求外叶为绿色，内叶为白色，心部小，不抽薹，干物质含量不低于8.2%，糖分不少于4%，无苦味；萝卜，要求干物质含量不低于5%，无糖心，辣味淡；青刀豆，要求无纤维或筋，颜色青绿，干物质含量不低于8%，糖分不低于2%，种子尚未形成或仅具雏形时采收；番茄，要求果皮鲜红，果肉色深，种子含量少，固形物含量在5%以上。对于易吸湿、汁液损失大的原料都不宜干制。

2. 原料的处理

原料干制前要进行处理也叫预处理，包括分级、清洗、去皮、去核、切分、灭酶等，其中分级、清洗等处理与第一节中所讲解的基本相同。灭酶处理是干制品加工原料最重要的处理过程。灭酶可防止原料在干燥和贮藏过程中的变色和变质。灭酶的方法主要有热烫、硫处理或两者兼用。此外，浸碱脱蜡也可用做干制原料的预处理。

（1）热烫

1）热烫的方法。热烫是使酶失活的一种传统方法，常用的热烫方法主要有热水热烫法和蒸汽热烫法。热水热烫法是将需预处理的原料置于沸水中3～5分钟即可完成热烫。经热水热烫的可溶性固形物损失达10％～30％，而蒸汽热烫的可溶性固形物的损失较少。原料在热烫后需迅速冷却，以防止热力对原料的继续作用，使固形物损失增多，组织变软。对绿色蔬菜热烫时，应在水中加入少量的碳酸氢钠，以保持蔬菜绿色，不同种类及品种的原料不能混烫。

2）热烫的作用。热烫使氧化酶系统失去活性，防止了色素和维生素C的氧化；热烫增加了细胞膜的透性，使组织的透性增大，干燥时有利于水分的蒸发；热烫后细胞内的空气被迫溢出，叶绿素更鲜，呈半透明状，增加了美观；热烫后组织体积变小，但具有弹性，使干制后易于恢复原状；热烫减少了原料的苦、涩、辛辣味；热烫杀死了微生物和寄生虫虫卵。

（2）硫处理

1）硫处理的方法。①熏硫。熏硫是将原料直接用气态的 SO_2 进行处理，可在熏硫室或塑料帐内直接通入 SO_2 气体，或在室内燃烧硫黄粉以产生 SO_2 气体。这样使原料吸收了一定量的 SO_2 气体后保存。熏硫时硫黄粉的用量约为原料的0.2％～0.3％，熏蒸时间依具体原料而定，大约为10小时。②浸硫。浸硫是将原料在一定浓度的亚硫酸或亚硫酸盐溶液中浸泡。要求所用溶液的 SO_2 浓度在0.1％～0.25％之间，溶液用量为原料质量的15％～30％。操作时要在密封容器中且容器应装满。③脱硫。因为 SO_2 属于有毒有害物质，它能危害人体中枢神经系统，食用过多会给人体健康带来不利的影响，所以，原料在硫处理后要进行脱硫操作，常用方法是加热法，使 SO_2 蒸发散失。

2）硫处理的作用。硫处理可抑制和杀死杂菌的生长；抑制多酚氧化酶的活性；抑制水解酶的活性，防止原料的转化分解及软烂；硫处理过程中形成的亚硫酸盐与有机酸中的氧结合，防止了有机酸与糖和蛋白质的变色反应；亚硫酸盐可延缓棕色色素的加深，防止变色；亚硫酸还可延长产品的保存期。

（3）浸碱脱蜡。浸碱脱蜡的目的是除去附着在原料表面的蜡质，以利于原料水分的蒸发，提高干燥效率，同时也有利于 SO_2 的吸收。碱液处理的时间和浓度应根据具体的原料种类而定，浸碱后要立即用清水冲洗残留的碱液，也可用0.25％～0.5％的柠檬酸或盐酸中和残碱后再用清水冲洗。

二、干制方法

1. 自然干制

自然干制是利用自然条件，如太阳辐射或热风等使原料晒干或风干的方法。也可利用冷空气使原料的水分冻结，再经冻融循环除去水分的方法。

自然干制又可分为两种方法：原料直接受阳光暴晒干燥的方法，称为晒干或日光干制；原料在通风良好的室内、棚下以热风吹干的方法，称为阴干或晾干。晒干是直接将原料铺于空旷通风、平坦的地面上或苇席上暴晒，也可置于晒盘等晒干用具上。晒干时应尽量提高原料表面的太阳辐射强度，在夜间或下雨时，将原料收集一处用苇席遮盖，白天天晴时再晒，如此直至原料晒干为止。阴干主要是利用干燥的空气使原料脱水的方法，我国新疆吐鲁番的葡萄干制常采用此种方法。

自然干制的方法简便，设备简单，投资少，生产费用低。自然干制的过程还能使未完全成熟的果实进一步成熟。但受自然条件的影响较大，主要是气候的影响，如在多雨季节干制时会延长干制的时间，从而影响制品的品质。同时自然干制需大面积的场地和大量劳动力，生产效率相对低下，又容易受环境的污染，降低制品的卫生安全性。

2. 人工干制

人工干制是利用设备人为地控制干燥环境和干燥过程的干燥方法。相比于自然干制法，人工干制缩短了干制的时间，提高了生产效率及产品质量。但人工干制所需设备和安装费用较高，操作技术复杂，因而提高了生产成本。常用的人工干制设备主要有以下几种；

（1）烘灶。烘灶的主要构造是在地面上砌灶或在地下挖坑，在上方架木檩，铺席箔，将原料铺在席箔上，然后在灶后灶底生火进行干燥。这种方法的优点是设备简单、投资少、成本低。缺点是生产能力低下，干燥速度慢，产品质量差，劳动强度大。

（2）烘房。烘房主要由主体建筑、加热设备、通风排湿设备和装载设备四部分组成，烘房相对于烘灶具有更多的优势，如生产能力大大提高，干燥速度快，产品质量好，适于大量生产，而且设备简单，生产成本低。烘房的形式依据升温方式不同而多样。对于干制原料的不同，烘制过程中的升温方式也各不相同，主要有三种升温方式：烘房的温度初期为低温、中期为高温、后期为低温直至结束；初期急剧升高烘房的温度，而后逐步降温至烘干结束；恒温完成烘干。

（3）干制机。干制机主要是通过控制干制环境的温度、湿度和空气的流速来达到干制的效果，具有干制效果好，时间短等优点。干制机的类型很多，主要有隧道式干制机、带式干制机和滚筒式干制机。

三、干制品回软、包装与贮藏

1. 干制品的回软

回软又称均湿或水分平衡。由于干制结束后的产品水分含量并不均匀一致，内外分布也不均匀，所以需均湿处理，使制品呈适宜的柔软状态，便于产品包装和运输。

回软的方法是将干燥后的制品首先剔除过湿、过大、过小、结块的产品及细屑，然后堆集起来或放在密闭容器中短暂贮藏，使水分在干制品内外部扩散和重新分布以达到均匀一致的要求。

2. 包装

(1) 包装容器。制品的内包装多用聚乙烯、聚丙烯、复合薄膜等防潮材料。外包装常用金属罐、木箱、纸箱等容器，起到支撑保护和遮光的作用。

(2) 包装方法。常用的包装方法有普通包装、充气包装（氮、二氧化碳）和真空包装。

3. 贮藏

干制品必须贮藏在光线较暗、干燥和低温的库房，要求库房清洁卫生、通风良好又能密闭且具有防鼠设备。潮湿物品不宜同时存放。贮藏温度在0～2℃为宜，不要超过10～14℃，相对湿度应在65%以下。干制品的贮藏时间不宜过分延长。

第三节 蔬菜腌制

蔬菜腌制是以果蔬为原料，用盐、香料、糖、酱、醋等辅料进行腌渍所得的制品。蔬菜腌制在我国已有上千年的历史，是最传统和最普遍的蔬菜加工方法。由于各地的习俗不同，蔬菜腌制所选的原料种类及部位不同，腌制工艺也各不相同，因此形成了风味各异的腌制制品。如四川的泡菜和榨菜、绍兴的霉干菜、云南的大头菜、扬州的酱菜等。

一、蔬菜腌制品的分类和原理

1. 蔬菜腌制品的分类

由于蔬菜腌制品所用的原料、腌制工艺及成品状态不同，腌制品的分类也不相同。按生产原料及工艺特点可分为咸菜类、酱菜类、糖醋渍菜类等；按成品状态可分为湿态腌菜、半干态腌菜和干态腌菜；按加工过程中的发酵程度又可分为发酵性腌制品和非发酵性腌制品。

(1) 发酵性腌制品。这类腌制品的加工特点是腌制时，食盐用量低，有明显的乳酸发酵及微弱的酒精和醋酸发酵作用，利用发酵时产生的乳酸与加入的食盐、香料和调味料等既增进其风味，又使得产品得以保存。

1) 湿态发酵。原料在清水或低浓度的盐水中进行发酵制成的一类带有酸味的腌制品，如泡菜、酸白菜等。

2) 半干态发酵。产品发酵之前先将菜体风干或人工脱去部分水分，然后再进行盐腌，这样使蔬菜腌制品的本身水分含量较低，利于保存。如榨菜、冬菜、萝卜干等均属此类。

3) 干态发酵。发酵前，通过不同的方法脱去蔬菜大部分的水分，然后再进行腌制，也可腌制后再脱水。

(2) 非发酵性腌制品。这类制品在腌制时食盐用量较大，腌制过程中乳酸发酵受到完全抑制或只能极其微弱地进行，产品含酸量较低，所以只能通过食盐和其他辅料增进产品风味。值得注意的是不存在绝对不发酵的腌制品，任何腌制品在生产过程中都会有一定程度的发酵。

1）咸菜类。产品以咸味为主，含有少量的酸味，如咸萝卜、咸芥菜等。成品的菜与腌渍液不分开的为湿态腌咸菜；菜与腌渍液分开，但成品仍含较高水量的为半干态腌咸菜；腌制后需干燥处理，使成品的表面干燥的为干态腌咸菜。

2）酱菜类。酱菜类是将蔬菜先进行盐腌，然后脱盐和脱水，再浸入酱或酱油中酱渍而成。如酱姜片、酱黄瓜、酱萝卜等，酱菜类都具有浓郁的酱香味。蔬菜腌制后用咸酱酱制的为咸味酱菜，用甜酱酱制的为甜味酱菜。

3）糖醋渍菜类。糖醋渍菜类也是将蔬菜先进行盐腌，经脱盐脱水后，再用糖、食醋或糖醋浸渍而成的蔬菜制品，如糖醋蒜、糖醋黄瓜、糖醋嫩姜等。

2. 蔬菜腌制品的原理

蔬菜在腌制过程中发生一系列的生物化学反应，主要有食盐的高渗透压作用、微生物的发酵作用和蛋白质的分解作用等，从而抑制有害微生物的生长，延长保藏期，同时还增加了产品的风味。

（1）食盐在腌制品中的作用。食盐在腌制过程中会起到重要的作用，主要包括：

1）高渗透压作用。蔬菜盐腌时形成高浓度的食盐溶液，此时溶液的渗透压远远高于蔬菜组织中的渗透压，根据渗透扩散的原理，溶液中的食盐成分向细胞内渗透，而细胞内的水分会向溶液中扩散，从而使蔬菜脱水。同时微生物的细胞也会发生强烈的脱水作用，使有害微生物的生理代谢活动受到抑制，甚至杀死有害微生物，食盐溶液中含有的 K^+、Na^+、Ca^{2+}、Mg^{2+} 等也会对微生物产生毒害作用，延长腌制品的保存时间。

2）降低水分活性。食盐溶液中的各种离子与水发生水和作用，使得溶液或产品中的水分活度降低，抑制了有害微生物的生命活动，从而提高了产品的保存时间。

3）抗氧化作用。氧气在食盐溶液中的溶解度小于在水中的溶解度，盐腌使得蔬菜组织脱水，食盐浓度增加，在组织内部形成了缺氧的环境，这样就抑制了好氧微生物的生命活动，提高腌制品的保存时间。

（2）微生物的发酵作用。蔬菜在腌制过程中都会发生一定程度的发酵作用，主要有乳酸发酵、酒精发酵和醋酸发酵三种。正常的发酵作用不仅能够抑制有害微生物的生命活动，起到防腐保藏的作用，同时还产生了酸味和香味，增加了产品的风味。当然也存在一些不正常的发酵，使产品出现长膜、生霉、腐烂等现象。

1）乳酸发酵。乳酸发酵是蔬菜腌制过程中最重要的生化过程，是在乳酸菌的作用下，将蔬菜组织中的单糖（主要是葡萄糖和果糖等）和双糖（主要是蔗糖和麦芽糖等）分解产生乳酸、酒精和 CO_2 等产物的过程。正常的乳酸发酵在腌制过程中是有益的，而非正常的乳酸发酵应适当地控制。

2）酒精发酵。蔬菜腌制过程中，除了主要的乳酸发酵外，还伴随着微弱的酒精发酵，这主要是酵母菌在厌氧的条件下，分解蔬菜组织中的糖产生乙醇和 CO_2 的过程。同时，腌制初期蔬菜自身的厌氧呼吸也会产生微量的酒精。少量酒精的产生，改善了腌制品的风味，酒精的防腐作用还抑制了微生物的生命活动。

3）醋酸发酵。蔬菜腌制过程中还会发生微量的醋酸发酵，主要是好氧性的醋酸菌氧化乙醇生成醋酸的过程。少量醋酸的存在不会影响产品的品质，相反还会延长产品的保藏期。但过多醋酸的存在就会有损制品的品质，使产品变酸，所以，要控制好腌制的条件以防止过多醋酸的产生。

（3）蛋白质的分解作用。蔬菜中含有一定量的蛋白质，在腌制过程中，蛋白质还会水解成氨基酸，这一过程是非发酵性腌制品腌制过程的主要生化作用，是制品色、香、味的主要来源。其中蛋白质水解成氨基酸的含量越高，制品的品质就越好，因为氨基酸本身具有一定的鲜味和甜味，而且氨基酸可进一步与其他化合物作用形成腌制品的色、香、味物质。蔬菜腌制过程中的蛋白质水解作用主要是由蔬菜本身的蛋白酶完成的，所以在腌制过程中不能破坏蛋白质的水解酶活性。

1）鲜味的形成。每种氨基酸都具有一定的风味，腌制品中鲜味的主要来源是谷氨酸和食盐作用生成的谷氨酸钠，而其他氨基酸的盐类使腌制品的鲜味更浓，所以腌制品的鲜味远远超过了谷氨酸钠单纯的鲜味。同时，腌制过程中产生的发酵产物如乳酸本身也会赋予产品一定的鲜味。

2）香气的形成。蔬菜腌制过程中会发生一些生化反应，使得产品放出特殊的芳香气味。这些反应主要有蛋白质分解形成的氨基酸具有香气，酒精发酵产生的少量酒精本身具有一定的香气，酒精与有机酸的酯化作用生成的酯类物质使香气更浓；乳酸菌发酵除了产生乳酸外，还生成了具有香味的双乙酰。同时，腌制时加入的香料也会带来一定的香气，但属于外来香气。

3）色泽的形成。经过腌制的产品其色泽相对于原料都发生了一些变化，主要有蛋白质水解产生的酪氨酸，它在酪氨酸酶的作用下生成黄褐色或黑褐色物质，这属于酶促褐变；蛋白质、氨基酸与糖发生的美拉德反应而形成的黄褐色物质，这属于非酶褐变；蔬菜细胞吸附腌制原料色素发生颜色变化；腌制时叶绿素被破坏引起失绿变色。腌制的时间越长，变色现象越明显。

二、蔬菜腌制工艺

1. 非发酵性腌制品加工

榨菜属于咸菜类，非发酵性腌制品，为我国特产，最初产地在四川，现已发展至浙江、福建、上海、江西及湖南等省市。根据生产过程中脱水方式的不同，分为四川榨菜和浙江榨菜，前者为风干脱水，后者为食盐脱水。下面主要以四川榨菜为例说明榨菜的加工工艺。

四川榨菜具有鲜香嫩脆，咸辣适当，回味返甜，色泽鲜红，没有苦味酸味，外形美观等优点。其工艺流程和工艺要点如下：

原料选择→剥皮穿串→晾晒下架→头腌→翻池→二腌→修剪除筋→整形分级→淘洗上囤→拌料装坛→后熟清口→成品→封口出厂

(1) 原料选择。榨菜的原料为青菜头，质量要求为组织紧密脆嫩，粗纤维少，皮薄，整体呈圆形或椭圆形。个体重150克以上，可溶性固形物含量在5%以上，含水量在94%以下，且无病虫害。

(2) 剥皮、穿串并晾晒下架。将选好的原料剥去菜头基部的粗皮老筋，然后均匀划块以保证晾晒均匀，成品整齐美观。将划好的菜块用2米左右的竹丝或聚丙烯丝沿切块两侧穿好，进行晾晒。晾晒时切面向外，清面向内，稀密一致，不得挤压，在自然风吹下脱水。直至菜块柔软无硬心，表面皱缩不干枯，无黑斑烂点、黑黄空花、抽薹生芽等不良现象，即为晾晒好了。晾晒后原料的含水量由93%～95%下降至90%左右，可溶性固形物的含量由4.0%～5.5%上升至10%～11%。

(3) 腌制。腌制分为头腌和二腌，方法基本相同，只是用盐量不同。头腌的用盐量为菜量的4%，二次腌制的用盐量为半熟菜块的6%。腌制时一层菜体一层盐，直至装满腌制容器，并在顶层撒盖面盐。头腌约72小时，二腌约为7天。头腌和二腌之间要进行翻池，调整上、下和中边菜体的位置。腌制时要注意检查，控制好腌制的时间，防止菜块变质发酵。

(4) 修剪、分级和淘洗上囤。仔细去除菜块上的老筋、硬筋、飞皮、菜耳和黑斑烂点等，同时分出大、中、小及碎菜块等级。淘洗上囤是将分好的菜块用清盐水淘洗三次，然后压囤24小时成为净熟菜块。

(5) 拌料装坛。按净熟菜块的重量配调味料，将菜块拌好之后立即装坛，装坛时要分层紧压，排除坛内的空气，装满后要在坛口撒一层红盐，再封严坛口。

(6) 封口出厂。榨菜完成后熟后要严密封口，隔绝空气以防止有害细菌的污染，保证榨菜的质量。

2. 发酵性腌制品加工

泡菜属于发酵性腌制品，在我国湖南、湖北、广东、广西和四川等地民间均有自制泡菜的习惯。下面以四川泡菜为例进行详细说明，其工艺流程和工艺要点如下：

盐水配制

↓

原料选择→原料处理→入坛泡制→加盖注水→管理→成品→包装入库

(1) 原料选择及处理。能泡制的蔬菜种类很多，凡组织紧密、质地脆嫩、肉质肥厚而不易软化的蔬菜均可作为泡菜制作的原料，如青菜头、大蒜、黄瓜、青豆、青椒、茄子、马铃薯、卷心菜、胡萝卜等都是制作泡菜的好原料。原料的处理主要有选料修整、清洗和切分几步。修整即除去粗皮、粗筋、老叶及黑斑烂点等，有心瓤的还要除去心瓤。但要注意在修整时勿损伤菜体；清洗主要是为了去除蔬菜表面的泥沙、微生物和寄生虫等有害物质，保证产品的质量；泡菜制作切分时多为粗条状或块状。

(2) 盐水配制。盐水配制用水最好为井水和泉水，因其矿物质含量多、硬度大，可保持泡菜成品的脆性。硬度较大的自来水也可配制盐水，但经处理后的软水不宜配制盐水，塘水和湖水也不可用。配制时也可在盐水中加入少量的钙盐，如氯化钙、碳酸钙、硫酸钙和磷酸钙等，这样可以增加泡菜的脆性。

盐水的含盐量一般为6%～8%为宜，食盐应选用精盐，其苦味物质极少。对于腌制过的原料用盐量要减少，盐量以最终产品含盐4%为准。为了增加泡菜的品质及风味，可在盐水中加少量的白酒、黄酒、红糖和红辣椒等调料和小茴香、花椒、八角、桂皮、丁香等香料。

（3）入坛泡制。泡菜坛子是泡菜必不可少的容器，具有抗酸、抗碱、抗盐等功能，同时既能密封又能自动排气，在坛内形成一种厌氧环境，这既有利于乳酸菌的生长，又防止了有害杂菌的繁殖。坛子在使用时要检查是否有漏气、裂纹和砂眼等，还要检查坛沿的水封性是否良好，以便于泡制成功。

装坛时，放置要有次序，当原料装到一半时加入纱布包好的香料包，然后再装入其他原料，切忌装得过满。当装到距离坛口6～8厘米时，将原料用竹片卡住，然后加入盐水，所加盐水必须淹过所泡原料，以防止原料氧化变色、腐败变质。盐水应加到距坛口3～5厘米处为止。

（4）加盖注水。原料入坛后要及时盖上坛盖，并在水槽内添满清水，放在适宜的条件下进行发酵。

（5）管理及成品。蔬菜入坛泡制后，要保证水槽中有足够的水形成水封口，要使水槽中的水保持清净；在水槽中可以加入适量的食盐，使水槽中的水不易被破坏，即使水浸入坛内也不至于影响坛内泡菜的风味；泡菜制好后，取食开盖要轻，防止将水槽中的水带入坛内；取食时所用的用具要清洁卫生，防止将油脂带入坛内被微生物分解使泡菜变臭；泡菜制好后要及时取食，因随着泡制时间延长，泡菜酸度不断增加，组织变软，泡菜品质下降。

泡菜成品具有质地清脆，组织细嫩，咸酸适度，香气浓郁等优点，而且保持了新鲜蔬菜固有的色泽。

第四节　果酒的酿造

果酒是以水果为原料酿造的一类酒，其酒精度不高，具有天然的色泽、果实原料的特殊风味和酒的醇香。同时还富含糖类、有机酸和各种维生素，所以，适当饮用对人体有所裨益。

一、果酒酿造的原理

果酒酿造分为酒精发酵和陈酿两个阶段。酒精发酵是利用酵母菌将果汁中的糖类转变为酒精等产物的过程，而陈酿阶段是将发酵好的产品在酯化、氧化和沉淀等作用下，使其成为酒质清澈、色泽美观、醇和芳香的产品。在这两个阶段中都有着不同的生物化学反应，对果酒的酿造起着不同的作用。

1. 发酵阶段

发酵是在果酒酵母的作用下，将果汁中的己糖转化成酒精和二氧化碳的过程。果酒酵母的细胞中含有多种酶类，如转化酶能使蔗糖水解成葡萄糖和果糖；酒精酶使己糖分解成乙醇和二氧化碳，蛋白酶使蛋白质分解成氨基酸，氧化酶促进果酒陈酿，并使单宁、色素和胶体物质沉淀；还原酶能使某些物质与氢作用起还原作用，尤其是与含硫物质作用生成硫化氢而释放。

果汁的发酵过程，除生成酒精和二氧化碳外，还产生少量的甘油、琥珀酸、醋酸和芳香成分及杂醇油等，这些都有利于果酒的质量。

2. 陈酿阶段

果酒刚发酵完成后，在新酒中含有二氧化硫、酵母的臭味、生酒味、苦涩味和酸味，而且混浊不清，味不醇和，不宜饮用。所以，需经陈酿一段时间，在消除不良物质的同时生成新的芳香物质，使果酒味醇芳香并清澈色美。

陈酿阶段主要有两个作用：

（1）酯化作用。果酒中醇类与酸类化合生成酯，酯具有香味，是果酒产生芳香味的主要来源之一。如醋酸和乙醇化合生成清香型的醋酸乙酯。

（2）氧化还原与沉淀作用。果酒中的单宁、色素等经氧化而沉淀，醋酸和醛类经氧化而减少，糖苷在酸性溶液中逐渐结晶下沉，以及有机酸盐、果屑细小微粒等的下沉，都在陈酿期中完成。经过陈酿，可使果汁的苦涩味减少，酒汁进一步澄清。

二、果酒的分类及特点

果酒的种类很多，一般分类方法大致有如下四种：

第一，按酒精含量划分，可分为低度果酒（含酒精在 17 度以下）和高度果酒（含酒精在 18 度以上）。

第二，按含糖量划分，可分为干酒（含糖量 0.4 克/100 毫升以下）、半干酒（含糖量为 0.4～1.2 克/100 毫升）、半甜酒（含糖量为 1.2～5.0 克/100 毫升）和甜酒（含糖量5.0 克/100 毫升以上）。

第三，按酿制的方法划分，可分为发酵果酒、配制果酒、起泡果酒和蒸馏果酒等。

第四，按酿酒的原料划分，可分为葡萄酒、苹果酒、山楂酒、柑橘酒、杨梅酒等。

三、葡萄酒的酿造

葡萄酒是用新鲜的葡萄或葡萄汁经发酵酿成的酒精饮料，也是最常见的果酒制品。

1. 葡萄酒的分类（见表 5—3）

表 5—3　葡萄酒的分类

划分依据	类别	备注
颜色	白葡萄酒	用白葡萄或红皮白肉葡萄分离取汁发酵酿制而成的酒，酒色浅黄或近似无色
	桃红葡萄酒	用红葡萄短时间浸提或分离发酵酿制而成的酒，酒色呈桃红色或浅玫瑰红色
	红葡萄酒	用红紫葡萄带皮发酵酿制而成，酒液中含有果皮或果肉中的有色成分，酒色呈宝石红、石榴红或紫红色
含糖量	干葡萄酒	含糖量≤4 g/L 的葡萄酒
	半干葡萄酒	含糖量在 4.1～12 g/L 的葡萄酒
	半甜葡萄酒	含糖量在 12.1～50 g/L 的葡萄酒
	甜葡萄酒	含糖量≥50.1 g/L 的葡萄酒
CO_2 含量	平静葡萄酒	在 20℃时，CO_2 的压力＜0.05 MPa 的葡萄酒
	起泡葡萄酒	葡萄原酒经密闭二次发酵产生的二氧化碳压力≥0.35 MPa 的葡萄酒
	加气起泡葡萄酒	在 20℃时，采用人工充气，使 CO_2 压力≥0.35MPa 的葡萄酒
酿造工艺	纯自然葡萄酒	完全以葡萄为原料发酵而成的葡萄酒，不添加糖和酒精
	加强葡萄酒	在葡萄酒发酵过程中或发酵成原酒后，添加白兰地或脱臭酒精
	加香葡萄酒	将葡萄原酒浸泡芳香植物后经调配而成的葡萄酒

2. 葡萄酒原料的选择

（1）原料的要求。含糖量最好达到 16 克/100 毫升以上；含酸量在 0.6～1.0 克/100 毫升；有本品的色泽和香味，无异味和怪味；含有少量的单宁和果胶物质。

（2）好的原料。酿造红葡萄酒的较好原料有赤霞珠、黑皮诺、梅鹿特、解百纳和魏天子等；酿造白葡萄酒的较好原料有龙眼、白雅、白羽和贵人香等。

3. 葡萄酒的酿造工艺

葡萄酒的酿造主要包括两个阶段：第一阶段为物理化学或物理学阶段，在这一阶段获得酿酒原料——葡萄汁，在酿造红葡萄酒时，葡萄浆果中的固体成分通过浸渍获得葡萄汁，在酿造白葡萄酒时，通过压榨获得葡萄汁；第二阶段为生物学阶段，即酒精发酵和苹果酸—乳酸发酵阶段。

（1）红葡萄酒的酿造工艺和工艺要点如下：

红葡萄→选别→破皮、去梗→葡萄浆→成分调整→发酵与浸提→压榨→后发酵→陈酿→调配→过滤→包装

1）破皮和去梗。破皮的目的是把果肉和果汁从葡萄果实中分离。去梗就是把葡萄果粒从梳子状的枝梗上取下来。因枝梗含有特别多的单宁酸，使酒液中有一股令人不快的味道，所以要将梗去除。

2）酒精发酵。已搅碎和去梗的葡萄接着被传送到发酵容器中，由天然酵母菌或是人工添加的酵母菌进行发酵。经过发酵，葡萄中的糖分会逐渐转成酒精和二氧化碳，发酵过程持续 4～10 天。

3）浸渍。在酒精发酵过程中，葡萄皮中的丹宁和红色素就会渗入发酵中的葡萄汁里，这一过程就称为浸渍。浸渍是红葡萄酒酿制的特有阶段，在浸渍过程中，应使葡萄固体中的成分在控制条件下进入液体部分，即通过促进固相和液相之间的物质交换，尽量好地利用葡萄原料的芳香潜力和多酚潜力。浸渍阶段可以在酒精发酵过程中，也可以在酒精发酵以前或极少数情况下在酒精发酵以后进行。

4）皮渣分离和压榨。通过更换容器将葡萄酒和皮渣进行分离，终止浸提过程。分离的葡萄酒送往另一发酵罐继续发酵，并完成澄清过程。分离出的皮渣中还含有一部分酒，通过压榨获得残留的葡萄酒。这些残留的葡萄酒应送往另一发酵罐继续发酵。

5）乳酸发酵。乳酸发酵是红葡萄酒酿造的后发酵过程，这一过程是由自然存在于葡萄酒里的乳酸菌完成的，乳酸菌将酒中酸涩的苹果酸转变成稳定且入口柔顺的乳酸。乳酸发酵后要进行恰当的 SO_2 处理，SO_2 可以阻止葡萄酒被空气中的氧气氧化，保持葡萄酒的果味和鲜度，使葡萄酒具有一定的生物稳定性。

6）成品调配。葡萄酒的成分复杂，出厂前要按照成品的质量要求，对酒度、糖度、酸度进行调配，以使酒质均一保持固有的特点，酒度用同品种蒸馏酒或脱臭酒精调配，酸度可加柠檬酸补充或用中性酒石酸钾中和降低，糖度可用白砂糖补充。红葡萄酒的色调过浅，可用深色葡萄酒调配，增香必须用同类果品的天然香精。

（2）白葡萄酒的酿造工艺。工艺流程和工艺要点如下：

白葡萄→选别→破碎→压榨取汁→澄清→成分调整→
发酵→陈酿→调配→过滤→包装

白葡萄酒是用白葡萄汁经过酒精发酵后获得的酒精饮料，白葡萄酒和红葡萄酒的区别主要是颜色不同，在原料中只有葡萄的外皮中含有色素，所以，制作白葡萄酒的原料可由白葡萄或红葡萄的无色果汁来酿造，在酿造过程中要避免葡萄汁对固体部分的浸渍。白葡萄在压榨取得葡萄汁时，最好使用直接压榨技术，将葡萄原料直接装入压榨机，分次压榨，避免葡萄汁对固体部分的浸渍。

将压榨后的果汁进行澄清处理，以便分离出悬浮在液体中会破坏酒的味道的杂质。用处理后澄清的葡萄汁进行酒精发酵，在酿造中没有乳酸发酵。红葡萄酒的酒精发酵温度为25～30℃，而白葡萄酒的酒精发酵温度为 18～20℃。

思　考　题

1. 原料的预处理内容有哪些？
2. 去皮的方法有哪些？各有什么特点？
3. 人工干制的设备有哪些？
4. 蔬菜腌制的分类有哪些？
5. 简述蔬菜腌制的原理。

第六章　马铃薯加工

目前，我国马铃薯总产量已超过 6 000 万吨，居世界首位。但是与发达国家相比，我国的马铃薯 90%用于鲜食，加工比例近两年虽有所上升，但总体上仍保持在 10%左右，而国际上平均加工比例约为 70%，最高可达到 80%以上。可见明显的资源优势转化为区域优势要以食品加工业为支撑，重点应发展薯条、食品级马铃薯精淀粉和马铃薯全粉等精深加工产品，通过产品深加工增值以带动和促进马铃薯产业化的快速向前发展。同时，发展马铃薯产业是积极带动贫困地区经济快速发展的一条有效途径。

马铃薯加工的主要途径和具体产品有以下几个方面，见表 6—1。

表 6—1　　马铃薯加工的主要途径和具体产品

序号	加工途径	具体产品
1	食品方面	冷冻制品：马铃薯丸子、马铃薯饼等 油炸制品：如马铃薯片、酥脆马铃薯等 干制品：干马铃薯片、膨化马铃薯等 配菜：粉状马铃薯馅、风味菜肴等 酸乳制品：如马铃薯酸奶等 果脯制品：马铃薯果脯
2	淀粉方面	凉粉、粉丝、饮料、酒精、梭甲基纤维素、葡萄糖、氨基酸、有机酸、淀粉衍生物（氧化淀粉、脂类淀粉等）、淀粉糖（麦芽糖、葡萄糖浆、麦芽糖浆、饴糖等）
3	发酵制品	乳酸、酒精、山梨醇、生物塑料、酶制剂、抗生素、可溶性淀粉、糊精、糯米纸、Vc 等
4	医药方面	可作为片剂填料、粉剂增亮剂等
5	副产品的利用	制酱、酱油、醋、柠檬酸、酒精、糊精、麦芽糖、食用纤维，马铃薯汁水回收蛋白质，制饲料

第一节　马铃薯淀粉的加工及制品

淀粉是马铃薯加工业的重要产品之一，马铃薯淀粉因其具有颗粒大、类脂化合物及蛋白质含量低、抗切割性等特殊的理化性质，备受各大加工企业的欢迎，尤其在食品加工中，马铃薯淀粉应用越来越广泛，其生产量和商品量居植物淀粉的第二位，仅次于玉米淀粉。国内市场的马铃薯淀粉正逐渐由粗淀粉转为精制淀粉，已普遍应用于医药、化工、造纸等重要工业领域。

一、马铃薯淀粉的传统制法

1. 原料处理

将要加工的马铃薯倒入洗涤缸中，用清水洗 1～3 次，边洗边翻拌，除去附在马铃薯表面的土、沙等夹杂物，以增加产品的纯洁程度。洗净后，切成杏大的小块，将小块在石磨上磨成泥浆状糊糊，盛入桶中。

2. 洗粉

把磨好的马铃薯泥倒入箩内，用水洗涤，使淀粉滤入缸中。1 千克糊糊用 2 千克浆水与 1 千克清水分三次洗粉，主要是为了提取糊糊中的泥沙等杂质，使淀粉白净，其次还可以洗出浆水中的残余淀粉。洗涤完毕后，粉浆滤入大缸中，马铃薯渣留在箩内，控干滤净以后，就可以将渣取出存放。

3. 澄清沉淀

每个大缸过三箩糊糊，过滤清洗完淀粉后，加老浆约 0.5～1 千克在粉浆中，搅拌均匀，静置 2～3 小时后，取出上层混水，放入老缸中留作下次洗粉时用。大部分淀粉沉入缸底，搅拌均匀后，将浆液分放到两个小缸中，继续静置 14～15 小时后，淀粉又可以沉入缸底，凝结成块。这时，取出上层混水作过箩洗粉用，将缸底块状淀粉取出，放入布包中，吊在空中，大约 3～4 小时，将残余水分控净。

4. 烘干

当布包中淀粉的残余水分控净后，取出分成小块，大约长 10～15 厘米，宽 8～13 厘米，厚 3～7 厘米，每块重约 0.5～1 千克。将小淀粉块排列在烤篓外边，以温火烘干。烘干淀粉时，保持上层温度 80～85℃，一般需要烤 6～8 小时。如果烤淀粉的温度过高，淀粉容易糊，而使成品带焦味，颜色变深；烤的温度过低，时间太长，也不适宜。经烤过的淀粉，应当洁白光亮。烘干后的淀粉，放入每平方厘米 64 孔的铁丝筛中，搓碎过筛，装袋即是成品。

二、马铃薯淀粉的工业化制法

1. 工艺流程

工业上生产马铃薯淀粉，一般采用连续性的机械作业，其基本工艺流程如下：

原材料验收及清洗→磨碎→筛分→分离淀粉→淀粉洗涤→脱水→干燥及包装

2. 工艺要点

（1）原材料验收及清洗。根据加工淀粉的要求，对原料马铃薯进行质量检验，包括测定化学成分和感官检验各种外观指标，如是否病害、虫害、腐烂变质、生芽、冻伤或者有无机械损伤等。测定马铃薯淀粉的含量，选择淀粉含量高的材料。用水初步冲洗之后，再送到洗涤机洗涤。

（2）磨碎。将薯块放入大型磨碎机中磨碎，然后将滚筒中的碎渣冲入收集器。

（3）筛分。分离薯渣，得到粗淀粉乳。

（4）分离淀粉。方法有静置沉淀法，最后放去澄清水，除去淀粉上层的杂质，取出淀粉。现代淀粉生产中，多采用旋液分离器对淀粉进行洗涤，可大大提高生产效率和产品质量。

（5）脱水。将待脱水的淀粉乳注入离心机的转鼓中，在离心力的作用下，使其水分含量下降到40％左右。

（6）干燥及包装。经脱水的淀粉可利用日光晒干，也可送入干燥机或者干燥室中进行干燥。干淀粉经筛分后，进行品质检验即可进行包装。

三、马铃薯淀粉的应用

各类植物淀粉由于性质不同，在利用上有所区别。玉米淀粉首先用于糖化制品的生产，其次用于化工淀粉、纤维、造纸、啤酒发酵等；甘薯淀粉几乎只做糖化原料使用；马铃薯淀粉除一部分生产糖化制品外，主要在加工面食类、水畜产加工制品、点心类、颗粒粉、化工淀粉等方面具有独特的作用。目前已开发出 2 000 种以上的用途，这些用途可大体分为以下几方面：

1. 生产糖化制品

淀粉加水分解获得的葡萄糖、异性化糖、水饴糖等做成清凉饮料、各种食品的调味料。

2. 加工食品

（1）方便面及面条。方便面及面条食品中添入马铃薯淀粉，主要有以下几方面效果：制品透明度高，表面光滑，色泽好；大大改善食品的黏性和弹性，食感好；对改善方便面食味的劣化有效果。

（2）肉类制品。淀粉作为一种天然的食品配料，在肉类制品的加工生产过程中发挥着重要的作用。在肉糜制品中加入淀粉，对于改善制品的保水性、组织状态均有明显的效果，这是由于在加热过程中淀粉糊化的结果。新鲜的肉含有 72％～80％的水分，其余的固体物质大部分为蛋白质。当肉制品受热时蛋白质会因变性而失去对水分的结合能力，而淀粉能够吸收这部分水分、糊化并形成稳定的结构。由此可见，选择吸水性好、膨胀度高的淀粉，对于保证制品的持水性、改善组织结构是非常重要的。

3. 作为酒精发酵的原料

马铃薯发酵生产成酒精，然后再把酒精加工成供汽车、烹饪炉和锅炉燃料需求的汽油醇、固体燃料乙醇和锅炉用液体燃料乙醇等产品，用薯类生产燃料乙醇是实现薯类加工增值的很好途径。采用马铃薯淀粉的酒精发酵污染小，改善了大气的质量，还可以节约石油和煤炭等不可再生资源。

第二节 淀粉制品的加工及应用

淀粉制品种类较多，常见的包括粉条、粉皮和粉丝等。

一、淀粉制粉条加工工艺

1. 打芡(也叫打糊)

为了增加淀粉的韧性和黏度，加工粉条要用粉芡。打芡的方法是：从100千克湿淀粉（含水分35％）中取出4千克淀粉放入和面缸中，然后加入35～40℃温水2～3千克，用光洁的木棒搅拌均匀，再慢慢加入约70℃的热水3～4千克，使淀粉温度达到45～50℃，用木棒急速搅拌，再迅速加入9～10千克煮沸的开水，用力搅拌，使淀粉糊化。糊体透明均匀，不夹生，无疙瘩，无粉粒，用手指试时可以拉成细丝，即成粉芡，约20千克。规模大的生产，此工序可用打糊机操作。

2. 和面(也叫调粉)

和面就是把制好的芡和剩余的96千克淀粉（粉面）调粉的过程，待粉芡凉到不烫手时进行调粉。先取0.4千克明矾（用量为面粉量的0.5％～1％），用开水化开倒入芡内，将粉芡掺入粉面进行调和（另留少量芡作调剂用），注意和匀。和好的软面团柔软发亮，用手指划沟，四边合不上即可。调好后先漏一下，如下条太慢，粗细不均或不下条，则看粉面团是太干还是太黏，面干表示芡少，太黏表示芡大。和好后随即漏粉，注意和好的面团保持在35～40℃，如受冷发硬就漏不下来。这道工序也可用和面机操作。

3. 漏粉

漏粉条的工具是漏瓢，漏孔直径为1厘米，形状有圆形、方形和条形。漏粉时，可根据需要选用漏瓢，先把漏瓢挂在灶锅上，瓢要放平，高度依粉条细度而定，高则条细，低则条粗，一般距水面高55～60厘米，然后将和好的面团放在漏瓢内，漏瓢应该不断摆动，软面团在漏瓢内要均匀地加压，一般用手拍打即可，让面团连续不断均匀地漏到锅里。锅内水温应保持在95～97℃。粉条落入沸水中即凝固而飘起。这道工序也可用漏粉机操作。

4. 冷却与漂白

用竹竿挑起锅内漂浮的粉条，放置冷水缸中冷浸，可增加粉条的弹性。待粉条冷却后，用短竹竿或木棍将粉条绕成捆，捞出来放入酸浆中浸3～4分钟，再捞起冷透，然后用清水漂过。酸浆的作用是漂去粉条上的色素和黏性，增加光滑度。

5. 干燥

粉条在冬季生产一般都采用冷冻法，将浸好的粉条先挂出冷冻，然后晾干即成。其他季节生产，可将粉条挂在铁丝绳上晾干，随晒随抖，使粉条均匀干燥。也可将粉条捞出上杆，在室内晾 24 小时，自然脱水，然后放入窖中密闭存放 12 小时，减少黏性，防止并条，再从窖中取出来晾晒。成品粉条要求身干、条匀，质地纯洁光滑，有筋力，不酥不脆，无并条和碎断，无杂质，口味纯正。

二、淀粉制粉皮加工工艺

1. 调浆

一般是 10 千克马铃薯干淀粉加温水 30 千克，明矾 75～100 克，麻油少许。调浆方法是将淀粉倒入调浆缸中，然后加温水、明矾（明矾要先用开水溶解成明矾水），边倒边搅拌，直至充分调和成糊状，浆水中无粒无块为止。明矾能增加粉皮的韧性和弹性，而且还有防腐和疏水作用，使产品不易吸湿受潮。

2. 烫制

先在烫制粉皮用的锅里盛上清水，清水量以放入烫盆之后能盖上锅盖为宜，再把水烧开，烫盆可用铝或者铜制的茶盘，直径 20 厘米，壁要薄，底要平。烫制过程是用加料勺把淀粉浆水加入开水锅的烫盆里，让其浮于水面，并经常转动，使浆水在盆内分布均匀。成型后倒出粉皮，放在冷水中冷却，成为成品湿粉皮，即可食用。

3. 干燥

为了便于运输、贮藏，可以把湿粉皮制成干粉皮。把湿粉皮摊开晒晾，通过自然风干或者用机器设备烘干，粉皮的质量要求是色泽呈白色、蛋清色，有光泽，味正，薄而均匀，完整，不碎，有弹性，不粘连，无杂质。

三、淀粉制粉丝加工工艺

马铃薯淀粉中直链淀粉占 22%，支链淀粉占 78%，比起豆类淀粉加工粉丝难度大。由于马铃薯淀粉含直链淀粉少，容易出现黏度大、拉力小、强度低等问题。用马铃薯淀粉生产粉丝，目前大致有两种主要方法，一种是挤压法，一种是养浆流漏法。

1. 挤压法

一般利用螺旋挤压机，将粉面挤压成型，经煮沸，冷水浸泡，然后晾晒而成。这种方法操作比较容易，但生产出的粉丝质脆易断，不禁煮，只要用开水浸泡 10 分钟即可食用，被称为快餐粉丝。

2. 养浆流漏法

技术性比较强，生产出的粉丝洁白、韧性好，煮半小时也不会断。加工过程如下：

马铃薯→清洗→粉碎→碾磨→跑缸→沉淀（对浆）→晾晒（淀粉水分达到 35% 为宜）→打芡（芡占 2%，芡中加 0.4% 明矾）→和面→漏粉丝→煮沸→冷水浸泡（2～3 小时）→吊起控水→冷水浸泡（8～10 分钟）→吊起阴凉（10～12 小时）→晾干→包装→成品

知识链接——机械生产“三粉”的工艺流程

我国大部分地区有食用粉丝、粉条、粉皮的习惯，如果用机器加工，可以克服手工制作粉丝、粉条和粉皮的许多不足，而且机制粉丝、粉条、粉皮干净、卫生、外观平整、耐贮存、易运输，不受季节限制、产量高、节能省工，从而提高“三粉”加工业的经济效益。如果用新型机制“三粉”，可实现增值10倍以上。多功能粉条生产线工艺流程是：

原料入机→搅拌自动上料→下料到不锈钢带成型→蒸箱煮熟→冷却→从不锈钢带脱离→次老化→冷冻→老化→竖切条→烘干→截切→包装

第三节　马铃薯全粉的加工

马铃薯全粉就是将鲜薯熟化加工制成干粉，马铃薯全粉又名马铃薯粉。一般认为，所谓全粉，应具备3个方面的含义。一是马铃薯细胞壁的完整程度较高；二是基本营养物质的保全；三是保持马铃薯风味的基本不变。

马铃薯粉和淀粉是两种截然不同的制品，其根本区别在于：前者的加工没有破坏植物细胞，虽然干燥脱水，但一经适当比例复水，即可重新获得新鲜的马铃薯泥，制品仍然保持了马铃薯天然的风味及固有的营养价值。而淀粉却是破坏了马铃薯的植物细胞后提取出来的，制品不具有马铃薯的风味和其他营养价值了。

马铃薯全粉是其食品深加工的基础。马铃薯全粉主要用于两方面：一是作为添加剂使用，在食品中添加马铃薯粉可以增加黏度，如在焙烤面食中添加5%左右，可改善产品的品质；另一方面，马铃薯粉可作马铃薯泥、马铃薯脆片等各种风味和各种营养食品的原料。此外，马铃薯全粉还可加工出许多方便食品，它的可加工性远远优于鲜马铃薯原料，可制成各种形状，可添加各种调味和营养成分，制成各种休闲食品，还可以用新鲜马铃薯制作美羹。

一、马铃薯全粉的特点

第一，营养全面。马铃薯全粉除含有与谷物粉相同水准的营养外，还富含维生素C及钾。由于马铃薯粉中含有大量的膳食纤维，且脂肪含量极低，不含胆固醇和饱和脂肪酸，食用方便，易于消化吸收，所以特别适宜老人和儿童食用。经营养强化后的复配马铃薯全粉更是全球公认的营养食品。

第二，风味好。马铃薯全粉最大限度地保留了马铃薯的风味。长盛不衰的休闲小食品中马铃薯含量达70%～80%，方便食品中也有约30%是马铃薯制品，这非常有力地说明了消费者对马铃薯风味的嗜好程度。

第三，用途广。马铃薯全粉保持了马铃薯天然风味和营养物质，它是各种马铃薯食品加工的基本原料，可制成多种食品。由于能够长期保存，且能保持鲜马铃薯的风味，便于制造各种食品，马铃薯全粉作为马铃薯深加工的基本产品得到了迅速发展。如在面包中添加全粉，可以防止面包老化，增加香味，改善烘烤品质，延长保存期；饼干中添加全粉能提高饼干的营养价值；90%的全粉和10%奶粉配合可制成奶式复合冲剂；马铃薯全粉和玉米粉和在一起，加入调味剂，也可制成像炸薯片一样的快餐品；加工虾片、糕点类食品均可添加10%以上的全粉，可提高营养价值，改善食品风味。添加全粉的食品，还能防止因不吃或少吃蔬菜而导致的营养缺乏。

第四，易贮存。马铃薯全粉储运安全、费用低廉，保质期较长。采用马铃薯全粉代替鲜马铃薯可使生产过程大大简化，降低成本，提高生产率。马铃薯全粉的储存、运输成本远远低于鲜马铃薯。

二、马铃薯全粉的加工工艺

1. 工艺流程和工艺要点

马铃薯全粉的工艺流程和工艺要点如下：

块茎清洗→去皮→蒸熟→捣碎→薄膜干燥→粉碎→薯粉→检验→装袋→贮藏

（1）原料选择。原料品种的选择对制成品的质量有直接影响。干物质含量越高，则出粉率越低。另外，原料的贮藏情况也直接影响加工质量：一是贮藏过程中发生的各种病虫害、腐烂、发芽；二是马铃薯具有“低温增糖”的现象，即马铃薯在0～10℃贮藏时，组织细胞中的淀粉极易转化为糖，而淀粉含量则随着贮藏期的延长而逐渐降低。

（2）清洗。目的是要除去马铃薯表面的泥土和杂质，在生产实践中，可通过流送槽将马铃薯输送到清洗机中，流送槽起到输送和浸泡粗洗马铃薯的作用。

（3）去皮。适合于马铃薯的工业去皮方法有摩擦去皮、蒸汽去皮及碱液去皮，采用摩擦去皮可选用磨皮机，该设备使用方便、成品低，但对马铃薯形状及芽眼有要求。

（4）修整。目的是除去外皮和芽眼等，因为芽眼处龙葵素和酚类含量较高，所以应尽可能去除干净。

（5）切片切丝。目的是提高蒸煮效率，降低蒸煮强度。可选用切片切丝机，切片厚度为8～10毫米。

（6）蒸煮。目的是使马铃薯熟化。工业上连续生产可采用带式蒸煮机或螺旋蒸煮器蒸煮。

（7）打浆成泥。是制粉的主要工序，设备选用槌式粉碎机或者打浆机，依靠筛板挤压成泥，这两种方法得到的成品游离淀粉率都高（大于12%），但在马铃薯全粉的生产过程中，要尽可能使游离淀粉率低，以保持产品的原有风味。

(8) 干燥。是马铃薯全粉生产过程中的关键工艺之一。干燥过程中要注意减少对物料的损伤，并要防止淀粉游离。

(9) 粉碎。同样也是马铃薯全粉生产过程中的关键工艺。

2. 加工马铃薯全粉过程中注意的问题

(1) 蒸煮温度不能太高，控制在92℃左右，最高不超过102℃，防止破坏营养成分。

(2) 要求游离淀粉少，还原糖低。游离淀粉最高不超过2%，还原糖不超过1.5%。

(3) 防止原料及成品色泽变褐，可用0.1%～0.2%亚硫酸钠溶液浸泡切片，处理10分钟。

3. 马铃薯全粉的质量指标

(1) 感官指标。马铃薯全粉为白色粉末或薄片，具有马铃薯特有的滋味和气味。

(2) 理化指标。水分小于5%，蛋白质大于5%，碳水化合物在60%～70%，粗纤维1.8克/100克，龙葵素（鲜薯）小于20毫克/100毫克，白度大于70，游离淀粉率为1.5%～2.0%。

(3) 微生物的指标。细菌总数每克小于1 000个，大肠杆菌群小于30个，致病菌不得检出。

第五节　马铃薯食品加工

加工的马铃薯食品有：方便食品、快餐食品、方便半成品，如薯米（粒）、脱水马铃薯片（条、泥）、马铃薯面包、马铃薯方便面和薯糕等。在马铃薯副产品加工方面，以鲜马铃薯为原料加工淀粉后的副产品，含有大量的纤维素、果胶及少量蛋白质等可利用成分，具有很高的开发利用价值。

一、方便食品

1. 去皮马铃薯的加工与保鲜

(1) 选料。选择刚收获的新鲜、色泽正常、无破损、无烂斑（虫斑）的优质马铃薯作原料薯。

(2) 去皮。将选取的马铃薯，置于擦皮机上去皮，也可人工去皮。因为马铃薯去皮后，暴露在空气中极易褐变，所以，用机械去皮时应同时冲水，人工去皮后也应将其立即置于清水中，以适当隔绝空气。

(3) 浸泡。先配制含有0.2%维生素C，0.2%柠檬酸、0.3%～0.5%亚硫酸钠的水溶液，然后将去皮的马铃薯投入溶液中浸泡5～10分钟，以达到护色、漂白和防腐的目的。注意在浸泡过程中，要保证液体淹没全部马铃薯。

（4）热烫。将浸泡液中的马铃薯捞出，立即投入沸水中漂烫 30～40 秒。

（5）冷却。将漂烫后的马铃薯迅速投入含有适量柠檬酸的冷水中漂洗和冷却。

（6）清洗。将漂洗和冷却后的马铃薯投入清水中，并充分搅拌，以洗净其表面的残留物。注意清洗的时间应稍长些，务求清洗干净。

（7）晾干。将清洗后的马铃薯放在通风处自然风干，有条件的也可用机械吹干，以马铃薯的表面不再有光亮的水珠为准。

（8）分级。将吹干后的马铃薯，按其形状和个体的大小进行分级。

（9）包装。将分级（分等）后的马铃薯用塑料袋或其他包装袋封装，入库贮藏，或送往市场销售。

2. 马铃薯泥

马铃薯泥产品有片状、粉状和颗粒状三种类型，一般含水量约 7%。其加工方法有很多种，三种类型中以颗粒状产品生产最为普遍。常用的加工工艺要点为：

（1）原料选择。选用薄皮土豆品种，形状整齐，芽眼浅，剔除病斑及其他杂质。

（2）洗涤去皮。按油炸土豆片去皮方法去皮，去皮后用清水洗涤。

（3）切片。把去皮的土豆片切成 10 毫米厚的土豆片，用浓度为 1%～2%的亚硫酸氢钠水溶液浸泡数分钟护色。

（4）蒸煮。先用 55～80℃的热水预煮 10～20 分钟，捞出过一次冷水，再放入沸水中煮 15～35 分钟，捞出用粉碎机粉碎，也可人工捣碎成糊（泥）状。

（5）混合添加剂。甘油单酸酯 0.6%，磷酸盐 0.4%，二氧化硫 0.01%，甘油单酸酯、食品色素及葱汁混合均匀后加入粉碎的土豆泥中，磷酸盐和二氧化硫单独加入。

（6）烘干。将混合添加剂后的土豆泥送入烘干机中，烘干温度为 158℃，烘干时间为 15～40 秒，使土豆泥中的水分含量降至 5%～6%。

（7）切片与包装。从烘干机中出来的土豆泥按一定的规则切成片状，片的大小、薄厚可灵活掌握。也可粉碎为直径不超过 0.25 毫米的颗粒状，然后包装出售或入库贮藏。

3. 马铃薯饼

马铃薯饼是在热化的马铃薯泥中添加其他营养强化成分和不同辅料与调味品，通过方便食品成型机挤压成型，并用涂糊撒粉机在其外表均匀地涂上一层面浆和面包屑，制出营养丰富、味道可口、形状规则、外形美观的产品。产品经油炸或微波加热后即可食用。其工艺主要包括如下内容：

（1）清洗。挑选无腐烂、无病虫害的马铃薯原料去除发芽、发绿的薯块放入池中或滚筒式洗涤机中进行清洗。

（2）去皮。用机械去皮或手工去皮，去皮后的马铃薯用水喷淋洗净。

（3）切片。去皮后的马铃薯放在人工检查线上，由人工挑拣不合格产品，然后把马铃薯切成 1.5 毫米厚的薄片或小块，以便蒸煮时受热均匀，缩短蒸煮时间。

（4）蒸煮。将薯片用水冲洗后沥干水分放入立式蒸煮柜中，在常压下蒸煮 20～25 分钟，用两指夹压切片不出现硬块且完全粉碎时合适。

（5）粉碎。用螺旋式粉碎机将蒸热的马铃薯片进一步粉碎成泥。

（6）预脱水。热化的马铃薯泥含水量高，用离水脱水机进行脱水，离心机转速为 3 000 转/分钟，脱水时间为 3～5 分钟。通过预脱水将薯泥中的固体含料由 15%～20%提高至 30%～40%，具有较好的成型性便于后期的成型制作。

（7）速冻。涂糊撒粉后的马铃薯产品经预冷后送入速冻间，经低温速冻后装盒包装即为速冻成品。冻前也可用连续油炸机进行油炸以固化表面涂层，增强外观颜色，油温控制在 170～180℃，油炸时间约 1～2 分钟。

马铃薯成品价格低廉、营养丰富、易于加工、易于配料调味，加入不同的配料可制出不同口味的薯饼。

4. 生产糯米纸

用马铃薯淀粉生产糯米纸，不但可大量节省粮食，还为食品工业急需的糯米纸广辟原料来源，同时也为马铃薯的深层加工增值开辟了一条新途径。每生产 1 吨糯米纸约需马铃薯淀粉 1.5 吨。生产糯米纸的主要设备是糊化锅、抄膜机。其生产工艺如下：

（1）淀粉乳化。将马铃薯淀粉过 100 目筛后，置于一容器中，加入 50～55℃的温水浸泡，使其乳化，水量为淀粉的 2.5～3 倍。

（2）过筛。经乳化后的马铃薯淀粉乳液，要不断搅拌，使淀粉全部均匀地分散在水中，然后过 100 目铜筛，用注射泵打至糊化锅中。

（3）配制磷脂乳液。首先配好 1%～2%的烧碱溶液并加热至 85～100℃，边搅拌边加入磷脂（烧碱用量为磷脂的 0.8%～1.8%），使磷脂全部溶于碱液中，然后让其自然冷却至 30～40℃，过 100 目筛，配成浓度为 1%～2%磷脂乳液，配好的磷脂乳液 pH 值为 8～9。

（4）调糊。将淀粉乳液送入糊化锅后，加热到 50℃时，边搅拌边加入适量的热磷脂乳液（预热至 84～90℃），并于 90℃保温 1～2 小时，即配成淀粉糊，搅拌速度以 40 转/分为宜，浓度控制在 7%～8%。

（5）抄膜。淀粉膜通过供料槽流入抄膜机的转动带上，并刮出厚度为 2～3 丝的糊膜，经烘干后便成为糯米纸。

二、马铃薯饮料

1. 马铃薯酒

以新鲜马铃薯为原料，经酒精发酵制成一种既有马铃薯营养又具酒精度的饮料，为马铃薯资源的开发利用，植物性饮料的生产开辟一条新途径。

工艺流程如下：

清洗→去皮整理→打成均浆→液化→发酵→（过滤）→调配→杀菌→成品

通过马铃薯的糖化、发酵、调配，可获得香味浓郁、风格独特、完全可以与果酒媲美的低酒度饮品。

2. 马铃薯酸奶

在传统型酸奶制作工艺的基础上，用马铃薯浆取代部分牛奶，经乳酸菌发酵制成一种既有马铃薯营养又有发酵食品成分的乳酸型饮料，为马铃薯资源开发利用开辟了一条新途径。

工艺流程如下：

马铃薯→清洗→去皮→切片（厚约 0.5 厘米）→热烫灭酶（100℃，3 分钟）→打浆（1～2 分钟，8 000 转/分钟）→灭菌→冷却→接种→恒温培养→后熟→配料（调味剂、稳定剂、水）→均质→脱气（45～65℃，82.66 千帕）→装瓶→杀菌（常压 15 分钟，100℃）→冷却→包装→成品

将鲜牛奶与马铃薯浆混合制成的马铃薯酸奶，既保持了传统型酸牛奶的组织状态、风味和营养价值，又补充了适量的膳食纤维，降低了脂肪含量，同时还增加了酸奶制品的花色品种，具有较大的实用性和开发价值。

三、马铃薯加工的副产品

以鲜马铃薯为原料加工淀粉后的副产品，含有大量的纤维素、果胶及少量蛋白质等可利用成分，具有很高的开发利用价值。

1. 生产蛋白饲料

马铃薯鲜渣或干渣均可直接作饲料，但蛋白质含量低，粗纤维含量高，适口性差，饲料品质低。研究表明，通过微生物发酵处理可大幅度提高薯渣的蛋白质含量，从发酵前干重的4.62%增加到57.49%。另外，微生物发酵可改善粗纤维的结构，并产生淡淡的香味，增加适口度。

用含30%的马铃薯渣发酵蛋白饲料部分替代肉兔饲料，可提高肉兔的日增重，且不影响兔肉的蛋白质及脂肪含量，改善兔肉品质。用坑池乳酸菌发酵的马铃薯渣喂猪，也能提高猪的日增重。在利用马铃薯渣研制高蛋白饲料方面，已研制出可替代鱼粉、豆类等薯渣蛋白质饲料产品，其蛋白质含量高达20%，且生产成本低，作为蛋白质含量较高的饲料已被养殖业迅速发展，对高蛋白饲料的需求也将不断增加。

近几年，由于“疯牛病”的发生和蔓延，导致动物性饲料的需求大幅度降低，而其他饲料需求量急剧增加。因此开发利用马铃薯渣高蛋白饲料具有广阔的市场前景。另外马铃薯渣高蛋白饲料生产工艺简单，投资少，既可大规模集约化生产，又可小规模分散生产，便于向养殖场、饲料厂、个体养殖户推广，并且对薯渣的利用也十分彻底，不产生二次污染，是有效利用薯渣的途径之一。

2. 提取膳食纤维

膳食纤维是食物中不被人类胃肠道消化酶所消化的植物性成分的总称。膳食纤维包括纤维素、半纤维素、木质素、果胶、海藻多糖等，主要存在于植物性食物中。大量研究表明，许多常见疾病如便秘、结肠癌、胆石症、动脉粥样硬化、肥胖等都与膳食纤维的摄入量不足有关。自 20 世纪 70 年代以来，膳食纤维的摄入量与人体健康的关系越来越受到人们的关注，被誉为第七大营养素。目前国内对甜菜渣、蔗渣、豆渣膳食纤维的研究较多，对马铃薯渣膳食纤维的开发研究较少。薯渣中含有丰富的膳食纤维，占干重的 19.65%。是一种安全、廉价的膳食纤维资源。用薯渣制成的膳食纤维产品外观白色，持水力、膨胀力高，有良好的生理活性。

3. 提取果胶

果胶属于多糖类物质，是植物细胞壁的主要成分之一，尽管可以从大量植物中获得，但是商品果胶的来源仍非常有限，目前商品果胶的生产原料主要是柑橘皮含果胶 30%、柠檬皮含果胶 25%及苹果皮含果胶 15%。用铝盐沉淀法从马铃薯渣中制备果胶的研究结果显示，50 克薯渣中能得到 11.5 克果胶，表明薯渣中含有丰富的果胶，是一种良好的果胶提取原料。果胶具有良好的乳化、增稠、稳定和凝胶作用，在食品、纺织、印染、冶金等领域得到广泛的应用。果胶还具有抗菌、止血、消肿、解毒、止泻、降血脂、抗辐射等作用，是一种优良的药物制剂基质，在医药领域的应用也较广泛，因此对果胶的需求量不断增加。有资料表明，世界果胶年需求量近 2 万吨。果胶的主要生产国家是丹麦、英国、法国、以色列、美国等，亚洲国家产量极少。据不完全统计，我国每年约消耗 1 500 吨以上果胶，80%依靠进口，而所需数量与世界平均水平相比呈高速增长趋势。由于进口果胶的价格远高于国产果胶，国产果胶备受国内企业青睐。因此，合理开发我国果胶资源，生产优质果胶，满足国内外市场需求显得十分紧迫。如能将马铃薯渣作为生产果胶的原料，不仅能增加薯渣加工的附加值，也丰富了果胶生产的原料来源。

练　习　题

1. 目前加工马铃薯的主要用途有哪几个方面？
2. 简述马铃薯淀粉提取的工艺流程。
3. 简述马铃薯淀粉制粉条加工工艺流程。
4. 加工马铃薯全粉过程中应注意哪些问题？
5. 简述去皮马铃薯的加工与保鲜方法。

第七章　豆制品加工

大豆是我国重要的粮食作物和油料作物之一，主要用来提供食用油脂和蛋白质制品，人们习惯地称大豆制品为豆制品。在我国，豆腐、豆浆、腐乳、酱油、豆油等豆制品皆是与人们饮食生活密不可分的产品。而且大豆制品的生产不受季节限制，原料供应充足，营养丰富，产品花色多样，深受人们喜爱。

第一节　大豆的营养成分与市场前景

一、大豆的营养成分

1. 大豆蛋白质

蛋白质是大豆最重要的成分之一。我国的大豆蛋白质含量约为 40%，个别品种可达到 50%以上。1 千克大豆的蛋白质含量相当于 2.3 千克瘦猪肉、2 千克瘦牛肉、1.7 千克鸡肉、60 个鸡蛋、52 杯牛奶的含量，因此，大豆又有“绿色牛奶”“植物肉”的美誉。

2. 大豆脂肪

大豆含有 18%左右的优质脂肪。大豆油脂中的脂肪酸基本为不饱和脂肪酸，其含量占总脂肪酸的 80%左右。大豆油脂中还含有丰富的维生素 E，是维生素 E 摄取的主要来源。

3. 大豆碳水化合物

大豆中含有约为 25%的碳水化合物。其中的功能性低聚糖更是与人体的生长、机体的新陈代谢息息相关的双歧杆菌的最好增殖因子，改善肠内菌群结构，利于排便。大豆低聚糖可作为糖尿病人的甜味剂。

4. 大豆中的矿物质

大豆中矿物质含量约为 6%，主要为钾、钠、钙、镁、硫、磷、氯、铁、铜、锰、锌、铝等。各种矿物质的含量见表 7—1。

表 7—1　　大豆中矿物质的含量　　(%)

元素	含量	元素	含量	元素	含量
钾	1.67	磷	0.659	铜	0.001 2
钠	0.343	硫	0.406	锰	0.002 8
钙	0.275	氯	0.024	锌	0.002 2
镁	0.223	铁	0.009 7	铝	0.000 7

5. 大豆异黄酮

大豆异黄酮在大豆中的含量约为0.1%～0.5%，其抗癌特性十分突出，可降低乳腺癌、前列腺癌和结肠癌的发病率。对骨质疏松症、更年期症状、动脉粥样硬化和心血管疾病也有十分重要的预防作用。

二、传统大豆制品的加工现状与前景

我国传统大豆制品的品种丰富多样，主要有水豆腐（嫩、老豆腐，南、北豆腐）、半脱水豆制品（豆腐干、百叶）、油炸豆制品（油豆腐、炸丸子）、卤制豆制品（卤豆干、五香豆干）、炸卤豆制品（素鸡）、干燥豆制品（腐竹）、酱类（酱油、甜面酱）和豆浆等。根据大豆加工工艺的不同特点又可分为发酵大豆制品和非发酵大豆制品。非发酵豆制品包括豆腐、豆浆、豆芽等，基本上都经过清洗、浸泡、磨浆、除渣、煮浆和成型工序。发酵豆制品在我国已经有几千年的历史，其产品主要有腐乳、臭豆腐、豆瓣酱、酱油、豆豉等。

1. 豆腐

民间常说："鱼生火，肉生痰，青菜豆腐保平安。"由此可见，豆腐在中国人民的膳食理念中有着非常重要的地位。在我国，豆腐加工生产工厂规模普遍偏小，90%以上的加工厂为小型手工作坊。在农村，许多加工厂加工时还采用手工过滤、搬石头压豆腐等繁重的体力劳动。目前，磨浆设备基本已采用电动砂轮磨，而且小部分是浆渣自动分离。

目前，我国大部分大中城市已经有内酯豆腐生产线。内酯豆腐是豆腐的新一代产品，出产率高，产品细腻，保水性好，营养价值和卫生指标均高于传统豆腐。其包装材料为无毒高压聚乙烯薄膜密封包装，储存期长，且便于运输和携带。使传统的手工作坊生产飞跃到自动化大工业的生产，是未来豆腐生产的发展方向。

2. 腐竹

腐竹，是将豆浆加热，使蛋白质发生变性，豆浆表面的水分不断蒸发，蛋白质和脂肪浓度相应增加，蛋白质分子之间互相碰撞发生聚合反应，逐渐扩大形成薄膜，挑起干燥即为豆腐皮。豆腐皮干燥前卷成卷，烘干，烘干后形状类似竹竿，故称为腐竹。其蛋白质含量达50%左右。

3. 腐乳

腐乳，是我国独有的传统发酵豆制品，其风味独特，口味鲜美，营养丰富。近年来，我国腐乳生产在吸收传统工艺精华和现代高新技术的基础上不断完善和提高，产品遍及全国各地，因制作方法各异，各地口味不一。

4. 豆浆和豆乳

豆浆是把大豆加水浸泡、磨浆、取汁、煮沸后，加入（或不加入）调味品而制成的一种饮料，是人们十分喜爱的一种传统饮品。

豆乳是在传统豆浆的基础上发展起来的一种大豆制品，是以大豆为主要原料，模拟牛乳添加或强化其营养成分而制成的一种饮料。豆乳生产工艺简单易行，设备投资少、效益高、回收快，豆乳对提高人们健康水平，增加城乡居民蛋白质饮料供应具有重要意义。据统计，目前我国豆乳年产量近 30 万吨，尚具很大潜力。

第二节　豆制品生产用水与卫生管理

一、豆制品生产用水

豆制品生产过程中，关键性的环节就是水质。豆腐就是受水质影响最明显的品种，主要体现在豆腐质量的优劣和出品率的多少。当然，产品质量和出品率的高低与原料质量和操作技术也是分不开的。正常情况下，豆制品生产使用软水（即 pH 值在 6.0～6.5 的水），做出的豆腐不仅质量好，出品率也高，其外观鲜美，色泽淡黄发亮，品质细腻有弹性，且口感香甜。使用硬水做豆腐时，由于水中含有大量的盐碱物质，在制浆或加热时就会有沉淀或絮状凝固物出现，制出的豆腐品质粗糙坚硬，色泽发暗无光泽，无特有的豆腐香气，弹性差，产品保水性差。

目前国内人们用水不外乎地面水和地下水。地面水有江、湖、河、渠、塘等水，地下水有土井、电井水。那么如何判断水源是否符合豆制品生产的要求呢？

一般说来，经过城市自来水公司处理过的生活饮用水均可用于豆制品生产；不是自来水公司处理的水，即非标准水，则要送请当地防疫站或公用部门化验，然后根据化验结果，采用次氯酸钙（即漂白粉）沉淀，或加热软化，方能使用。

水质标准有如下几条：

第一，感官性状指标。色度不超过 15 度，并不得呈现其他异物，混浊度不超过 5 度，不得有异臭异味。

第二，化学指标。pH 值 6.5～8.5，总硬度不得超过 250 毫克/升。其中含有的铁、锰等各种元素水中含量均不得超过表 7—2 所列最高含量。

表 7—2　　豆制品生产用水化学指标　　单位：毫克/升

元素	含量	元素	含量	元素	含量
铁	0.3	挥发酚	0.002	硒	0.01
锰	0.1	氯化物	0.5	汞	0.001
铜	1.0	氟化物	1.0	铬	0.05
锌	1.0	砷	0.04		

第三，微生物指标。在 1 毫升水中，细菌总数不得超过 100 个，在 1 升水中大肠菌群不得超过 3 个，致病菌不得检出。

二、几种主要豆制品的保管方法

豆腐：所用工具和容器，必须保持清洁卫生，要经常洗刷和消毒。刚刚生产出来的豆腐一定要等晾凉冷透再上架或码起来，以利散热。对在低温条件下一时卖不了的豆腐，可用水泡起来，但时间不宜过长；也可采取蒸的办法，使豆腐灭菌，从而延长保管时间。

油皮：应注意其怕湿、怕风、干了易碎、湿了易粘连发生霉变的特性，将其放在屉上，加盖湿布，保持适宜的低温环境。

豆片产品：制成后要凉透再叠片。如发现片与片之间有拉黏现象，可立即摊晾，用清水或盐水煮沸。

油炸制品：不宜久放，特别是夏季，存放时间更短，另外不要把油炸制品放在光线强、温度高的地方。

腐竹：由于易折碎，应用塑料袋包装后，再装入纸箱内，并置于干燥凉爽的地方，防止受潮发霉和暴晒。

腐乳：要将坛口封严，不让其透气，并放在干燥处，防止受雨淋及油污侵染。

第三节　非发酵大豆制品

一、豆腐制品

豆腐制品在非发酵性豆制食品中占有主要地位。它是经豆浆点脑成型，再经不同的加工方法加工制成。豆腐加工主要分为北豆腐和南豆腐。南豆腐又叫嫩豆腐，含水量约 90%～92%；北豆腐又叫老豆腐，含水量约 85%。南豆腐相对水分多一些，所以适合做汤，而北豆腐，也就是我们常说的老豆腐，因为水分含量不高，更适合煎、炒、煮、炸。

1. 北豆腐

（1）工艺流程

大豆→选剔→洗净→浸泡→磨浆→煮浆（加消泡剂）→过滤（豆渣）→豆浆→凝固（加凝固剂）→成型→挤压→水洗→杀菌→包装→成品

（2）工艺要点

1）选料。选用大豆豆脐色浅、含油量低、蛋白质含量高、粒大皮薄、粒重饱满、表皮无皱、有光泽的大豆。

2）浸泡。浸泡时要掌握好浸泡温度和时间，注意水质水温与用水量。春秋季节，水温控制在10～20℃，浸泡12～18小时；冬季水温控制在5℃，浸泡24小时；夏季水温控制在30℃，浸泡6小时（水温升高可换水）。水质以软水、纯水为宜。水质不同，豆腐的出品率也不同，详见表7—3。

表7—3　　不同水质条件下的出品率　　（%）

水质	纯水	软水	井水	硬水
出品率	47.5	45.0	30.0	24.5

豆水重量比以1∶2.3为宜，浸泡好的大豆约为原料干豆重量的2.2倍。

3）磨浆。磨浆的目的是为了最大限度地将经过浸泡的大豆中的蛋白质提取出来。在实际生产中，掌握好豆糊的粗细度是磨浆的关键，不可过粗或过细。

磨浆时，要边进料边添加适量的水。通常每100千克大豆淋入180千克水为宜。加水量要稳定均匀，要与进料速度相配合。

4）滤浆。目前豆制品加工中多采用磨浆分离机，磨浆、滤浆一次完成。加水量一般为浸泡大豆重量的7～8倍，水温约60℃，注意搅拌均匀。磨浆和滤浆时操作要紧凑，防止加工过程中的污染。

5）煮浆。煮浆温度通常控制在95℃，时间为3分钟左右。加热时要使豆浆受热均匀。同时，煮浆时豆浆表面会产生很多泡沫，容易形成“假沸”，因此通常需要在实际生产中加入消泡剂。常用消泡剂有：油脚膏（用量为1.0%）；硅油（用量为0.005%），为达到好的消泡效果，可以在磨浆时用水调好均匀加入；脂肪酸甘油酯（用量为1.0%），在豆糊中均匀加入。

6）凝固。凝固包括点脑、蹲脑和破脑。点脑就是将煮后的豆浆温度降至75～85℃，然后把凝固剂按一定的比例和方法加入到豆浆中。一般凝固剂（例如卤盐）的用量，以原料大豆干重的3%～4%为宜，但也要根据凝固剂的优劣而有所增减，此外还要考虑大豆的新鲜程度。

蹲脑又称养花，是大豆蛋白凝固过程的继续。点脑结束后，只有经过一段时间的静止，凝固才真正完成。蹲脑过程宜静不宜动，保温15～20分钟。“慢点浆，长养花”，这是提高豆腐出品率和质量的好经验。

除加工嫩豆腐外，其他豆腐制品的加工一般都需要在上箱压榨前通过适当破碎的方法从豆腐脑中排除一部分豆腐水，即所谓的破脑。不同的豆制品其破碎程度各有不同，老豆腐脑花团块在8～10厘米范围为好。

知识链接——常用的凝固剂

（1）石膏。石膏分为生石膏、半熟石膏、熟石膏和过熟石膏。其中，生石膏作凝固剂，制得的豆腐弹性好。但由于凝固速度太快，生产中不易掌握，因此实际生产中较少使用。而熟石膏凝固进展慢，故能形成保水性好、光滑细腻的豆腐。

（2）卤水。卤水又称为盐卤，是生产海盐的副产品，主要成分是氯化镁。用卤水作凝固剂，蛋白质凝固速度快，操作不易掌握，适合制豆腐干、干豆腐等含水量比较低的豆制品。

7）成型。成型就是把凝固好的豆腐脑，放入特定的模具中，通过施加一定的压力，榨出多余水分，成为具有弹性、韧性和一定含水量的豆制品。豆腐的成型包括上脑（又称上箱）、压制、出包和冷却等工艺。

豆腐的压制成型是在豆腐箱和豆腐包布内进行的。使用豆腐包布，既可以使豆腐定型，还可以及时排除水分，因此豆腐包布网眼的粗细（目数）与豆腐制品的成型有很大的关系。老豆腐可以使用孔隙较大的包布，这样压制时排水更通畅，豆腐表面易成“皮”。嫩豆腐含水量高，压制时不可过多排除水分，因此要选用细布。

豆腐脑上箱后，置于模型箱中，还必须加以定型。压力是豆腐成型所必需的，但一定要适当。老豆腐压力稍大，嫩豆腐压力稍小。为使豆腐成型更好，需在一定温度下加压。一般豆腐压制时的温度应在65～70℃，压榨时间为15～20分钟，时间过短难以成型，时间过长则会将豆腐中应有的水分排除。

豆腐压制完成后，为了保证豆腐少失水、不沾包、表面整洁卫生，不可急于出包，可以先打开盖板，掀开布角通风一段时间，再翻板揭包；也可在水槽中出包。出包后的堆垛过程，要做到翻板快，放板轻，揭包稳，放框准，端时平，垛时稳。

（3）产品标准。感官指标为：白色或淡黄色，有豆腐特有之香气、味正，块形完整，软硬适宜，质地细腻，有弹性，无杂质；理化指标和微生物指标见表7—4和表7—5。

表7—4　　北豆腐理化指标

项目	指标
水分（克/100克）	不得超过85.00
蛋白质（克/100克）	不得低于7.00

续表

项目	指标
砷（以砷计，毫克/千克）	不得超过0.5
铅（以铅计，毫克/千克）	不得超过1.0
添加剂	按添加剂标准执行

表7—5　　北豆腐微生物指标

项目	指标	
	出厂	销售
细菌总数（个/克）	5万	10万
大肠菌群近似值（个/100克）	70万	150万
致病菌	不得检出	

2. 南豆腐

（1）工艺流程参照北豆腐。

（2）工艺要点

1）浆液浓度比北豆腐高。

2）点脑所用凝固剂为石膏，采用一次加入的冲浆法，用量约为干豆的2.5%。

3）点脑时温度要比北豆腐稍高，通常高于85℃。

4）蹲脑时不破脑，比北豆腐所需时间稍长，大约需要30分钟。南豆腐成品的含水量在90%左右。

（3）产品标准。感官指标为：表面洁白，质地细嫩，富有弹性；理化指标为：水分每100克不得超过90.0克、蛋白质每100克不得低于5.00克；其余指标参见北豆腐。

二、卤制、熏制、油炸豆制品的加工工艺

1. 五香豆腐干

五香豆腐干因其色美、味香、风味独特而备受人们喜爱，其加工工艺简单易学，成本低廉，不失为农村致富的一条好途径。

（1）原料配方。大豆50千克，五香料（即八角、花椒各60克，小茴香80克、陈皮40克、桂皮160克），食盐、酱油、五香粉适量。

（2）工艺要点

1）煮制。把以上配料和浸泡好的黄豆一起上磨，加工制成豆浆，煮熟，准备点浆。

2）点浆。豆腐干制作多采用卤水（氯化镁、氯化钠、氯化钙）点浆，浓度为25波美度。1千克卤水兑4千克清水，然后装进卤壶内。点浆时一手把住壶，一手把住勺子，将卤

水缓缓地点入浆内，勺子在浆内不断地搅动，使豆浆上下翻滚。根据豆浆的凝结程度，掌握点浆的完成情况。点浆后的豆腐花在缸内静置 15～20 分钟，使之充分凝结。

3）浇制。把豆腐干木质方框模型放在模型板上，再在模型框上铺上包布，把豆腐花快速轻轻地舀入模型内，再把包布的四角盖在舀入的豆浆花表面上。

4）压榨。把浇制好的模型框逐一搬到木质“千斤闸”架的石板上，把模型框层层叠放，共放 5～8 层，在最上一层的模型框上压放一块面板，将豆腐闸的撬棍头正对面板，再把撬棍另一端拴在撬尾巴上，然后用脚踩压撬棍，撬头就压榨面板，使豆腐花内黄浆水排出，一段时间后再一次踩压，并不断收缩撬距，直至撬紧，此时黄浆水会不断流出，大约压榨15～20 分钟，就可放撬脱榨。

5）划坯。将模型框逐一取下，揭开包布，底朝上翻在操作面板上，将模型框去掉，揭去包布，成型的豆腐干坯即脱胎出来，用刀修去坯边，再把豆腐坯按 5 厘米×5 厘米大小切成整齐的小方块。

6）卤煮。将豆腐干切成小块放进盛有卤汤的锅里卤煮，煮后晒干或晾干，这样反复煮 3 次即成五香豆腐干。卤汤配料：每 1 000 块豆腐干，用食盐 100 克、酱油 75 克、五香粉 50 克，再加入适量的水，卤煮时间每次不得少于 20 分钟。

（3）产品标准。感官指标为：色泽、香气正常，咸淡适口，无异味，块形完整均匀，有弹性，质地密实，无杂质；理化指标见表 7—6；微生物指标与北豆腐相同。

表 7—6　　豆腐干理化指标

项目	指标
水分（克/100 克）	不得超过 70.00
食盐（以氯化钠计，克/100 克）	不得超过 5.00
蛋白质（克/100 克）	不得低于 14.00
砷（以砷计，毫克/千克）	不得超过 0.5
铅（以铅计，毫克/千克）	不得超过 1.0
添加剂	按添加剂标准执行

2. 豆腐皮

（1）工艺流程

原料处理→泡豆→磨浆→过滤→煮浆→点浆→压豆腐→成品

（2）工艺要点

1）原料处理、泡豆、磨浆、过滤、煮浆、点浆工序均与豆腐的制作相同。

2）压豆腐。将宽约 20 厘米的长条状白布清洗干净平铺于豆腐架上，然后用大勺将嫩豆腐舀在白布条上，注意要将豆腐铺匀，之后将白布折过来盖到豆腐上。重新在折过来的白布上舀入豆腐，铺均匀，再将白布折叠。如此一层豆腐一层白布放满豆腐架为止。在豆腐架上放上木板，压上重石，将豆腐中的水分压出。压榨 2～3 小时后，豆腐质地坚实，呈片状。待豆腐坚实后，将重石、木板和白布依次去除，得到成品豆腐皮。

（3）产品标准。感官指标为：产品色泽为淡米黄色，质地细腻，厚薄均匀，折叠整齐，干湿度适当，有韧性，无杂质；理化指标见表 7—7；微生物指标与北豆腐相同。

表 7—7　　豆腐皮理化指标

项目	指标
水分（克/100 克）	不得超过 70.00
食盐（以氯化钠计，克/100 克）	不得超过 5.00
蛋白质（克/100 克）	不得低于 15.00
厚度（毫米）	不得超过 2.0
砷（以砷计，毫克/千克）	不得超过 0.5
铅（以铅计，毫克/千克）	不得超过 1.0
添加剂	按添加剂标准执行

3. 素鸡

（1）原料配方。豆腐皮（2 毫米厚）100 千克，酱油 10 千克，五香粉 0.1 千克，味精 0.2 千克，食用碱 0.2 千克。

（2）工艺要点。

1）切片。把部分豆腐片切成 15 厘米见方，用来做皮，另一部分切成 15 厘米×10 厘米的长方形，用来做心。

2）调汁。按上述配方将配料调制成汁。配料中的碱起黏性，碱多了成品颜色发黑，所以调制时要注意将碱充分溶解，否则碱多的部分发黑，影响产品质量。

3）蘸汤。把皮放入调好的酱汁中蘸一蘸，把心放入酱汁中浸泡 3～5 分钟，随卷随泡。酱色发淡时，需要继续兑料。

4）卷心。用皮将心卷成卷，长 12～13 厘米，用布包好，再用干净的线绳捆上。注意要卷紧、包紧、捆紧。

5）煮制。酱油、盐、佐料（花椒、茴香、大料等适量装入一小口袋，缝好，放入汤内）熬煮，把卷好的豆腐卷放入汤内煮 1.5～2 小时，出锅后，将布打开即可。

4. 圆鸡

（1）原料配方。干豆腐 100 千克，食油 14 千克，酱油 12 千克，白糖 2 千克，食盐 2 千克，纯碱 1.5 千克，味精 1 千克。

（2）工艺要点。将干豆腐切成 30 厘米的正方形片，放入 10%的纯碱液中浸泡 5～10 分钟，捞出控尽碱水，卷成直径 3 厘米的圆卷，并用布包好捆紧，放入盐水中煮沸 30 分钟，捞出打开包布，将煮好的圆卷切成 5 厘米厚的圆片，放入 160℃的油中炸至呈金黄色，捞出控净油。最后放入由酱油、白糖、味精熬制的卤汤中卤制 20～25 分钟，捞出即可。

5. 腐竹

腐竹属于干燥豆制品，是由煮沸后的豆浆经过一定时间保温，浆面产生软皮，挑出后下垂呈枝条状，又经烘干而制成的。腐竹营养价值高，蛋白质含量高达 50%，且易于存放，食用方便，可加工出多种珍馐佳肴，深受广大消费者青睐。

（1）工艺流程

原料筛选→清选→脱皮→浸泡→磨浆→滤浆→
煮浆→揭竹→烘干→回软→包装→成品

（2）工艺要点

1）脱皮。将经过筛选的大豆经输送机输送到钢磨进行脱皮，再用鼓风机分离豆皮和豆仁。经脱皮后的豆子色泽黄白，用这样的豆子生产出的产品颜色光亮明快，产品质量较高，同时提高了蛋白质的利用率和出品率。

脱皮时，一般大豆的含水量不应超过 13%，否则会造成脱皮困难。可通过晒干、烘干或风干的方法，将大豆干燥处理后再进行脱皮处理。

2）制浆。制浆过程包括泡豆、磨浆、滤浆和煮浆。腐竹生产中的制浆过程与豆腐类生产中的制浆过程相似。腐竹生产中，豆浆浓度控制在 6.5～7.5 波美度，此时蛋白质浓度约为 2%～3%。豆浆浓度过低，蛋白质不易发生聚合，难以形成腐竹；浓度过高使得结膜速度过快，腐竹颜色灰暗，影响产品质量。

3）揭竹。煮沸后的豆浆放入腐竹成型锅内成型。成型锅为一长方形浅槽，规格通常为 1 800 厘米×150 厘米×4 厘米。槽内每隔 50 厘米有一格板，隔板上下皆通，槽底和四周有夹层，可通蒸汽或热水加热。锅内深度为 4 厘米，放入豆浆达 2 厘米处即可。放好豆浆，通蒸汽加热，使豆浆温度达到 82℃，恒温一段时间后，表面会形成一层蛋黄色的薄膜，并随着时间的延长薄膜会不断加厚，约 7～8 分钟后，薄膜已达到一定厚度，此时可以用手或竹竿揭起的薄膜，即为湿腐竹。一般可揭 16 层软皮，前 8 层为一级品，9～12 层为二级品，13～16 层为三级品。

4）烘干。湿腐竹揭起后，应及时烘干。烘干方法有两种：一种为暖房烘干，这是目前国内生产厂家多采用的方法。普通的暖房烘干，为三次烘干法，即先在 60℃左右的暖房内烘 30 分钟，当腐竹表面不再发黏后拿出暖房，稍凉后再进此暖房烘干 120 分钟，待水分下降至 15%～20%时，再出暖房。经分级整理后，放入另一暖房，该暖房无须通风，温度控制在 45～50℃，持续烘干 5 小时，此时水分降至 7%～8%。

5）回软。烘干后的腐竹，如果直接拿来包装，很容易破碎，因此必须经过回软处理。回软就是通过喷洒微量的水，以减少腐竹脆性。这样既不影响产品质量，又可使产品外观美观，且利于包装，降低破碎率。喷水时要注意喷水量要小，一喷即过。

6）包装。腐竹成品外观为浅黄色，有光泽，枝条均匀，有空心无杂质。通常情况下，每 100 千克大豆的出品率为 60 千克。其中一级腐竹 26～28 千克（含水量约 7%），二级腐竹 5～6 千克（含水量约 8%），三级腐竹 6～7 千克（含水量约 9%），月片 18～21 千克（含水量约 9%），厚片 1～2 千克（含水量约为 12%）。包装时分类包装，保证腐竹的等级标准。包装材料：小包装可采用塑料袋，包严密封。大包装可用大纸箱。

（3）产品标准。感官指标为：浅黄色，有光泽，枝条均匀，有空心，无杂质；理化指标和分级指标见表 7—8 和表 7—9。

表 7—8　　腐竹理化指标

项目	指标
水分（克/100 克）	不得超过 10.00
蛋白质（克/100 克）	不得低于 40.00
脂肪（克/100 克）	不得低于 20.00
砷（以砷计，毫克/千克）	不得超过 0.5
铅（以铅计，毫克/千克）	不得超过 1.0
添加剂	按添加剂标准执行
黄曲霉毒素	按黄曲霉毒素标准执行

表 7—9　　腐竹分级标准

级别	色泽	外形尺寸	水分（%）	蛋白质（%）	脂肪（%）
一级腐竹	淡黄色，油亮	枝头较细，均匀，无杂质，直径小于 2 厘米	7	50	30
二级腐竹	色较黄	枝头略粗，无杂质，直径 2 厘米	8	40～50	15～20
三级腐竹	土黄色	枝头较粗、较短，直径 2.4 厘米	9	40～50	15～20
月片	黄净、光面	薄身，夹边整齐，少气泡，直径约为 5 厘米			
厚片	黄褐色	厚身，夹边整齐，少气泡，直径 5 厘米			

第四节　发酵大豆制品

一、腐乳

腐乳是我国古代劳动人民发明的一种微生物发酵大豆制品。腐乳起源于民间，因其品质细腻、味道鲜美独特且营养丰富而深受人们青睐。

1. 生产原料

（1）主料。大豆、豆饼、豆粕。豆饼是大豆以压榨法提取油之后的产物，包括热压榨豆饼和冷压榨豆饼。大豆经过热处理后再经压扁，加入有机溶剂提取油脂后所得产物为豆粕。豆粕有较低的脂肪和水分含量，而蛋白质含量较高。

(2) 辅料。糯米、食盐、黄酒、面曲、米曲、红曲。

2. 制作方法

(1) 制作豆腐坯。其制坯工艺流程如下：

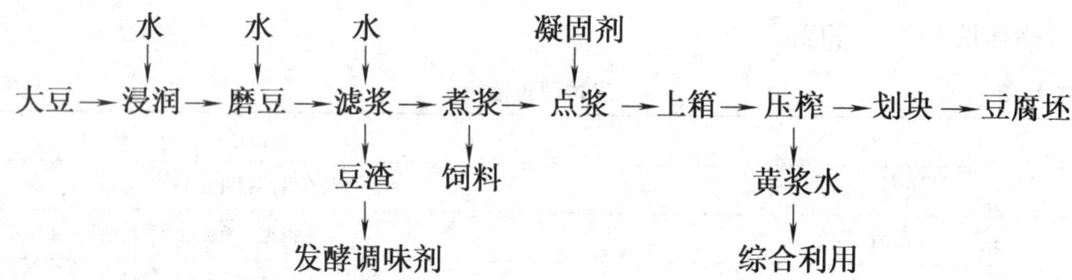

其具体的制坯方法如下：

1) 浸泡。除去大豆中的杂质后加水浸泡，一般浸泡时间因季节而异。通常冬天浸泡约16～20小时，春秋两季约8～12小时，夏季约6小时。如用温水浸泡，时间可适当减少。大豆浸到豆瓣开成平板为好，但不可使水面起泡沫。

2) 磨浆。将浸泡好的大豆或豆瓣磨成浆，磨制时均匀加入适量清水或三浆水，1千克浸泡的大豆需添加约2.8千克的水，磨成极细的乳白色豆浆。

3) 滤浆。滤浆是利用滤浆机或离心机把浆渣分离。通常每100千克大豆可得头浆约475千克，之后可分4次洗涤豆渣，第一次加水80千克左右（水温80～90℃），过滤后，以后每次加水约80千克（水温60～70℃），最后100千克的大豆可过滤出约1 100千克的豆浆，相对密度为5～6.0波美度。如滤浆时产生过多泡沫影响操作，可少量加入油脚，使泡沫散失。

4) 煮浆。将过滤后的豆浆加热至95～100℃，再经振动筛筛过（筛孔为80～100目/英寸）后放入浆缸中煮。

5) 点浆。盐卤加水冲淡至15～16波美度（对100千克大豆制成的豆浆点浆需10千克28波美度的盐卤）。点浆温度在82℃左右为宜，待煮沸过筛后的豆浆冷却至85℃开始下卤。点浆时最好将豆浆pH值调节至6.8～7.0。

点浆方法与豆腐的点浆类似，一手将盐卤以细流均匀地慢慢滴入热浆中，同时缓缓搅动豆浆，使豆浆上下翻滚，在即将成脑时搅动要适度放缓，至完全形成凝胶时方可停止。最后，将淡卤轻轻甩在豆腐脑面上，使表面凝固得更好。全部过程一般控制在5分钟最为适宜。

6) 蹲脑。一般蹲脑时间约20～30分钟。在此期间，注意保温。

7) 压榨。蹲脑结束后立即压榨。先将压榨工具清洗干净，以防杂菌污染。待豆腐花下沉，黄浆水澄清后，把竹滤器放入黄浆水中，轻轻向下压，可将竹滤器中黄浆水取出，再用重物压于竹滤器内，将60%的黄浆水从竹滤器中取出。将木框放在榨板上，木框厚度为豆腐坯的厚度，通常为1.6厘米或1.8厘米，木框内铺好布。将凝固状态的豆腐脑倒满木框，将框外的余布向内折叠覆盖到豆腐脑上，待黄浆水沥出后，用压榨机压榨，进一步排出豆腐脑中的余水。

压榨去水的程度可根据豆腐坯所需要的水分含量来决定，随品种和季节而异。通常春秋两季豆腐坯的水分含量约为72%，冬季约为73%，夏季约为70%。青方腐乳一般在75%～76%，小白方通常在82%左右。压榨好的豆腐坯要厚薄均匀，柔软有弹性，色泽正常，无气泡和麻皮现象。压榨后的豆腐坯温度控制在60～70℃，以防止微生物的污染。

8）划块。压榨好的豆腐坯要及时进行划块。划块分为热划和冷划两种。压榨好的豆腐坯，其温度尚有60℃左右，如果趁热划块，则要注意划的尺寸要比所需尺寸偏大，避免划好的坯冷却后体积缩小。冷划是待豆腐坯自然冷却、体积缩小、水分散发后，再按所需尺寸大小划块。成品的尺寸规格因各地而异，例如南方地区生产的红方、油方、糟方和醉方腐乳，市场上的规格有两种：4.8厘米×4.8厘米×1.8厘米和4.1厘米×4.1厘米×1.6厘米。此外，青方的规格是4.2厘米×4.2厘米×1.8厘米，小白方的规格是3.1厘米×3.1厘米×1.8厘米。

（2）前发酵（培育菌种）

1）接种。将100克麸皮加水140克作培养基。取若干洁净的卡（克）氏瓶，每瓶装料约40～50克，塞严棉塞，放入高压灭菌锅内，加压98.07 kPa并保持30分钟。小心取出试管，趁热用手轻轻敲碎瓶内团块，放平自然冷却至常温，移入无菌室中接种。每支试管可接卡（克）氏瓶5～6瓶，摇匀放入恒温培养箱中，28～30℃恒温培养两天备用。优良的菌种呈白色，菌丝紧密有力，布满整个瓶内，拔下棉塞，可闻到清香味。

取生长良好的新鲜卡（克）氏瓶斜面，每瓶加入冷开水750～1 000毫升，夏天应适当减少。用接种环洗下孢子，经纱布过滤后，制成孢子悬液以备接种。每100千克大豆使用卡（克）氏瓶两瓶，夏天加倍。

把豆腐坯摆放到笼格或框内，侧面竖立放置，均匀排列，两块之间要留有较大空隙。将孢子悬液喷雾到豆腐坯上，注意要在坯的各个方向都均匀喷洒。

2）培养。将笼格或框移入培养室内叠放，上层加盖。培养室内温度保持在26℃左右，约20小时后，菌丝的生长肉眼可见，此时进行第一次翻笼（上下笼格调换），以均衡上下温差，使生长速度一致；约28小时后，大部分菌丝已成熟，此时进行第二次翻笼；44小时后第三次翻笼，此时菌丝生长既快且密；52小时后菌丝已经基本生长好，此时开始降温，可扯开晾花；68小时后搭蒸笼晾花。

夏天气温较高，菌丝生长快但容易发泡脱皮。如无降温设备，要将表面水分吹干后才可以进入培养室，入室后稍作停歇，待水分进一步挥发后才可盖布。10小时后就可以见到生长的菌丝，13小时后进行第一次翻笼；20小时菌丝全面生长，此时第二次翻笼；25小时第三次翻笼。待到28小时，菌丝已基本长成，可适当晾花。32小时后可搭蒸笼晾花，前期发酵结束。

（3）后发酵。

1）腌坯。经前期培养（发酵）的腐乳坯，已长满白色菌丝，通过晾花，一方面使菌丝老化，分泌酶系，增强酶的作用；另一方面使毛坯迅速冷却，并将其中的霉气散尽。

腌坯通常采用缸腌的方法：先把互相依连的菌丝分开，准备入缸。在离大缸底部 18～20 厘米处铺一块圆形木板，木板中心有一个直径约为 15 厘米的孔，把腐乳坯直立成圆形依次摆放在木板上，每圈之间相互排紧。排列时，在蒸笼内未长满菌丝的一面应靠边，不能朝下，防止成品变形。然后分层加盐，食盐的用量是按照每万块（4.1 厘米×4.1 厘米×1.6 厘米）春秋两季用盐 60 千克，冬季用盐 57.5 千克，夏季用盐 62.5～65 千克。由于食盐易溶化，往往下层坯浸渍得最早，浸渍时间最长。因此，腌坯时先在底部木板上铺上一薄层的食盐，再采用分层加盐逐层增加的方法将盐均匀撒到坯上，缸面铺盐要厚些，以达到防腐的目的。腌坯 3～4 天后要压坯，即再加入盐水，超过坯面，以便使上层增加咸度。腌渍约 10 天后，腌坯结束，由中心圆孔抽出盐水，放置过夜，使腐乳坯干燥收缩。腌坯时间冬季约为 13 天，春秋两季为 11 天，夏天为 8 天。

2）配料与装坛。配料与装坛是腐乳后熟的关键。配料前先将缸内腌坯取出，有粘连的坯块要搓开，然后控晾 24 小时左右，去除多余水分，再点块计数放入洁净干燥的坛内。腌坯表面有杂物的要用干净的盐水冲洗干净，控干后方可装坛。入坛后，则根据不同腐乳品种的要求，按照配方添加配料。汤料应没过坯约 1.5～2 厘米。现以青腐乳和红腐乳为例介绍其配方。

青腐乳的汤料配制比较简单，豆腐黄浆水 70%～80%，冷开水 20%～30%，加入食盐，配成 6～7 波美度的汤料，灌汤时每 1 000 块腌坯加入 25 克花椒即可。

红腐乳所用汤料配方比例大致为：红曲 25%～30%，面酱 10%，料酒 40%～50%，凉开水 10%～20%，香辛料适当，用食盐将汤料调至 0～12 波美度，最后将汤料混合磨匀即可使用。通常情况下腌坯与汤料的比例应为 2∶1。

坛子封口加盖后可堆放在后发酵室人工控温发酵，也可放置在室外自然发酵。我国南方气温常年较高，基本上都采用天然发酵；北方气温较低，则多采用人工控温发酵，发酵室温度控制在 30～35℃，保持约 2 个月即可。不同的品种，对最佳发酵的温度和时间要求也不同，因此在实际生产中应灵活掌握。

3. 产品标准

（1）感官指标。

1）红腐乳的感官指标。表面为鲜红色或枣红色，内部呈杏黄色，具有红腐乳特有的香气，味道鲜美，咸淡适宜，质地细腻，块形整齐均匀。

2）青腐乳的感官指标。产品表面呈豆青色，具有青腐乳特有的气味，滋味鲜美，咸淡适口，无异味，块形整齐。

（2）理化指标。见表 7—10 和表 7—11。

表 7—10　　红腐乳理化指标

项目	指标（克/100 克）
水分	65.00
总酸（以乳酸计）	不超过 1.30
氨基酸态氮（以氮计）	不低于 0.50
食盐（以氯化钠计）	不低于 8.00
还原糖（以葡萄糖计）	不低于 2.00
水溶性无盐固形物	不低于 10.00
蛋白质	不低于 12.00

表 7—11　　青腐乳理化指标

项目	指标（克/100 克）
水分	70.00
总酸（以乳酸计）	不超过 1.30
氨基酸态氮（以氮计）	不低于 0.70
食盐（以氯化钠计）	不低于 12.00
水溶性无盐固形物	不低于 8.00
蛋白质	不低于 11.00

知识链接——名腐乳介绍

（1）桂林腐乳。桂林腐乳颜色淡黄，质地细腻，咸淡适宜，气香味鲜。产品有辣椒腐乳、五香腐乳和桂花腐乳。其制作工艺保持了传统的操作方法，以优质大豆为原料，以桂林三花酒、五香料、食盐、鲜椒为辅料，使腐乳更具有清香馥郁、回味悠长的特色风味，经前发酵、后发酵两阶段而制成。后发酵时期，每 80 块腐乳坯装一坛，加入 1 千克 20℃的米酒，密封坛口，将温度控制在 20～25℃保持约 3 个月进行后发酵。辅料配方比例为每万块腐乳坯加 1.5 千克香料和 50 千克食盐。香料配比为八角 88%，草果 4%，沙姜 2%，小茴香 2%，陈皮 4%。

（2）克东腐乳。克东腐乳起源于 1915 年，产品色泽鲜艳、质地细腻、后味绵长，是我国酿造食品中的宝贵遗产，因其独具一格的风味享有较高的声誉。

克东腐乳的加工特点是采用低盐高温和小球菌发酵。特点在于细菌发酵，中药配方。配方及用料比例，以 500 千克腐乳计算，所需主料大豆 385 千克；辅料：食盐 80 千克、白酒 53 千克、面粉 33 千克、红曲 7 千克、中药 0.5 千克（白芷 2.2 克、砂仁 1.25 克、良姜 2.2 克、白蔻 1 克、公丁香 2.2 克、母丁香 2.2 克、贡桂 0.3 克、管木 0.6 克、三柰 1.95 克、紫蔻 1 克、肉蔻 1 克、甘草 1 克和陈皮 0.3 克）。

（3）臭豆腐。臭豆腐的外观色泽清淡，表面有一薄层絮状长毛菌丝，块形完整且质地柔软细腻，因其味道有一种独特的硫化合物的臭气而得“臭豆腐”之名，能够增进食欲，对消化系统也有一定帮助。

将每100千克大豆，制成约1 000千克豆浆，取25波美度的盐卤约4千克点浆，将豆浆凝固成约150千克的含水量为65%的豆腐干，再切成4.3厘米×4.3厘米×1.5厘米的豆腐坯约6 000块。

前发酵温度控制在20℃左右，在相对湿度约90%的条件下进行发酵。几天以后，可看到坯表面长满浓密洁白如棉絮状的菌丝，此时前期发酵结束。将每块腐乳块分开放入缸中腌坯，仍然采用分层加盐逐层增加的方法，放一层腐乳坯撒一层食盐，加花椒约20粒，至缸口20厘米处时，盖一厚层精盐，坯面用木板加压后加盖密封置于常温处。用盐量为每100块腐乳坯加盐400克。2～3天后，待盐全部溶解，放入2片荷叶，用石头压好，再加入黄浆水和食盐6%，以浸过腐乳坯5厘米为宜，最后加盖并密封缸口。2—8月腌制的腐乳坯放到室外，利用日晒夜露进行后期发酵即可；9月至翌年1月间腌制的腐乳坯应放在温度约3～7℃的发酵室中进行后期发酵，3～4个月后，即成熟为臭豆腐。

二、酱油

酱油是我国传统的发酵食品，是从大豆和小麦的发酵物中提取出来的一种棕黑色液体，它作为调味料已被食用了几千年，是最被人们普遍接受的大豆发酵制品。

1. 生产原料

（1）蛋白质原料。生产酱油用的蛋白质原料，习惯上以大豆为主，但是目前为了合理利用大豆资源，节约油料，我国大部分酿造厂已普遍选用大豆榨油的产物——豆粕和豆饼作为制造酱油的主要蛋白质原料。豆粕和豆饼中脂肪含量和含水低，蛋白质含量高，非常适合作为酱油酿造的原料。

（2）淀粉原料。酿造酱油所用的淀粉原料，可因地制宜来选择。米糠、米糠饼、碎米、小麦、玉米、甘薯及甘薯渣、大麦、小米以及高粱等均可作为淀粉质的代用原料。

（3）食盐。食盐也是制作酱油的重要原料。它能使酱油产生适当的咸味，能与氨基酸共同产生鲜味，除了起到调味的作用，在原料发酵过程中以及成品中还有防腐的作用。酿造酱油所用的食盐要求水分和夹杂物应较少，颜色洁白，氯化钠含量较高，卤汁宜少。

（4）水。酿造酱油过程中，水的用量很大，但对水的要求并不高，例如自来水、井水或干净的江、河、湖等可供饮用的水都可以用来酿造酱油。

2. 工艺流程及要点

（1）种曲。其制作工艺流程如下：

将麸皮与辅料拌匀，加入 40%～50%的水，蒸熟后过筛，补充干净的冷开水 30%～45%，在冷开水中添加总原料 0.3%的食用冰醋酸拌匀，可防止污染。待曲料冷却至 40℃，接入三角瓶中扩大培养，纯种的用量为总料量的 0.5%～1.0%。翻拌均匀，使米曲霉分生孢子广泛分布于曲料上。制曲时首选新鲜的种曲，暂时不用的种曲放入盘内摊成薄层，置于阴凉通风处，使其自然干燥。

（2）制曲。制曲是我国酿造工业的一项传统技术，是酱油酿造的关键工序，也是酿造酱油的基础。现列举以豆粕和麸皮为原料制曲的工艺流程。

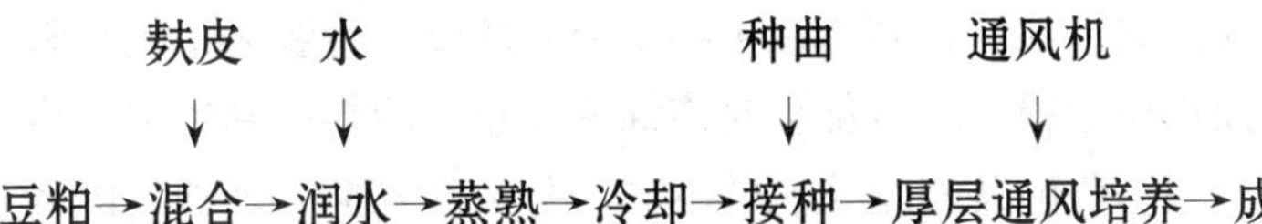

豆粕、豆饼中含有丰富的蛋白质，其分解产生的氨基酸是酱油鲜味的主要来源。麸皮不仅适用于米曲霉的生长繁殖，还适用于米曲霉分泌霉类，可以作为辅料。通常以 10∶1 的比例搭配使用，是较理想的制曲原料。

厚层通风培养制曲是指将曲料放置于曲池（也叫曲箱）内，厚度一般在 30 厘米左右，利用通风机供给空气、调节温度，促使米曲霉快速生长繁殖。18 小时后产生孢子，22～26 小时后即可出曲。目前，我国的酱油酿造基本都是采用该方法制曲。厚层通风制曲过程中温度与风压控制见表 7—12。

表 7—12　　厚层通风制曲过程中温度与风压控制

操作名称	相隔时间（小时）	品温（℃）	室温（℃）	干湿差（℃）	风压（毫米水柱）
接种后培养开始		32	28～30	2～3	
培养开始→第一次通风降温	6 小时左右	35～37	28～30	2～3	0～3.5
第一次通风降温→第一次翻曲	5～6	35～30	28～30	2～3	0～3.5
第一次翻曲→第二次翻曲	4～5	34～32	28～30	1～2	2.0～4.5
第二次翻曲→第一次铲曲	2～3	32～35	30～31	2	1.5～3.5
第一次铲曲→第二次铲曲	2～3	32～35	30	2	1.5～3.0
第二次铲曲→出曲	3 小时左右	30	28～30	2～3	1.0～2.0

通风制曲的操作要点可归纳为："一熟、二大、三低、四均匀"。即原料要蒸熟；水分

大，通风量大；入池品温要低，制曲品温要低，进风风温要低；原料混合机润水均匀，接种均匀，装池疏松要均匀，料层厚薄均匀。

（3）液化和糖化。酱油酿造采用液化及糖化法生产，这是近几年酿造业的一次重大工艺革新。新工艺不但解决了曲料需要加大水量的矛盾，而且在提高酱油糖分的基础上节约了大量粮食。制曲时淀粉原料的大幅减少，提高了原料处理设备和制曲设备的利用率。

液化和糖化工艺流程如下：

碎米→浸泡→沥干→磨浆→调浆→加热液化→冷却糖化→糖浆

常温下将米浸泡 0.5 小时后，用钢片式磨粉机磨细，边磨边加入约 1.5 倍的水。用水将粉浆调至 18～20 波美度，再用碳酸钠将 pH 值调至 6.2～6.4，然后加入 0.2%的氯化钙和 100 个单位/克的淀粉酶制剂，将配好的料浆慢慢升温至 85～90℃，保持 10～15 分钟，用碘液检验，待料浆呈金黄色时开始逐步升温至煮沸。

（4）发酵。发酵是先在成曲内拌入多量的盐水，使其呈浓稠的半流动状态的混合物，称为酱醪；也可将成曲拌入少量的盐水，使其呈不流动状态的混合物，称为酱醅。将其入缸、桶或池内，进行保温或不保温，利用微生物所分泌的酶，将酱醅中的物料分解成所需要的新物质。发酵方法及操作的得当与否都会对酱油的质量与原料的利用率产生直接的影响。

发酵的方法，根据酱醪及酱醅状态的不同，分为盐发酵、低盐发酵和无盐发酵三种。根据加温状况的不同，又有日晒夜露及保温速酿之分。目前，最为普遍的发酵方法是固态低盐发酵法。其工艺流程如下：

热糖浆
↓
食盐→溶解→稀糖浆液
↓
成曲→粉碎→拌入发酵容器→酱醅保温发酵→成熟酱醅

（5）酱油半成品的处理。主要是通过浸泡提得到不同等级的酱油，其工艺流程如下：

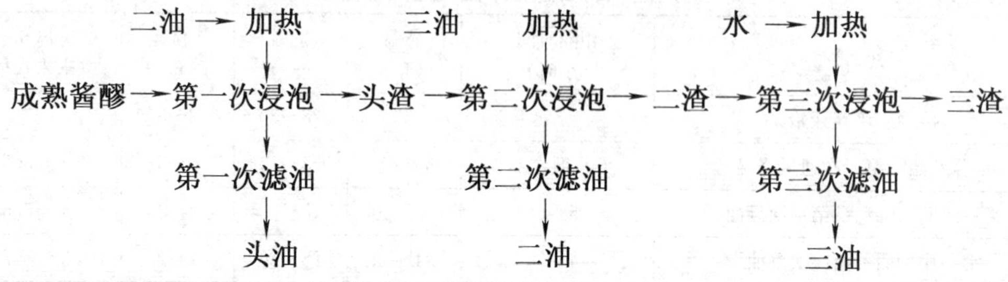

浸泡时间通常约 20 小时，浸泡时品温不宜低于 55℃，一般在 60℃以上。适当地提高温度延长浸泡时间对加深酱油色泽有显著的作用。到一定浸泡时间后，可从发酵容器的底部将头油放出，流入酱油池内。池内要预先置备好装食盐的箩筐，放入每批所需要的食盐。流出的头油通过食盐层从而将食盐逐渐溶解。待头油放完后（不宜放得太干）关闭阀门，再加入 70～80℃的三油，浸泡约 8～12 小时，滤出二油（备下批浸泡用）。加入热水浸泡 2 小时左

右，滤出三油，作为下批二油用。这就是间歇滤油法。

（6）酱油的原料配比及其处理。

1）酱油的原料配比。豆饼60%，麸皮40%，加水量为豆饼重量的130%左右。

2）原料的处理。豆饼压碎后的颗粒，一般以绿豆粒大小为宜，内含粉末不应超过20%。先将豆饼润水两小时，然后按比例加入麸皮，加压蒸熟。蒸料时间50～55分钟为宜，锅内压力98.07 kPa，温度110～115℃，停气后留在锅中约34小时。蒸熟的原料要求含水分47%～48%。盐水浓度、温度及使用量见表7—13。

表7—13　　盐水浓度、温度及使用量（以每100千克混合料计）

盐水浓度（波美度）（20℃条件下）	盐水温度（℃）	盐水使用量（%）	总水量（成曲含水量以30%计算）（%）
13左右	40～45	62～65	92～95

3. 理化指标

各种酱油的理化指标见表7—14。

表7—14　　酱油的理化指标

成分	一级油	二级油	三级油
无盐固形物（克/100毫升）	20以上	15以上	10以上
氨基酸氮（克/100毫升）	0.80以上	0.60以上	0.40以上
全氮（克/100毫升）	1.60以上	1.20以上	0.80以上
铵盐（以氨计）不大于氨基酸氮的%	27	27	27
比重（20℃）	1.20	1.17	1.14
食盐（克/100毫升，以氯化钠计）	19以上	17以上	16以上
糖分（克/100毫升，以还原糖计）	4.00以上	3.00以上	2.00以上
总酸（克/100毫升，以乳酸计）	2.50以下	2.00以下	1.5以下

第五节　油脂类大豆制品的加工技术

豆油是目前我国较为常用的一种食用油，也是我国人们喜食乐用的食用油之一。豆油是由大豆精炼加工而成的，它比其他油脂营养成分高，在人体内消化率可达98%。

大豆油脂中以不饱和脂肪酸为主，大豆饱和脂肪酸含量12%，比其他油类少，不饱和脂肪酸含量85.4%，油酸含量33.7%，亚油酸含量52%，亚麻酸含量2.3%。亚油酸和亚麻酸是人体必需而又不能合成的脂肪酸，如果缺乏亚油酸和亚麻酸人体皮肤就会产生粗糙的鳞片（粗皮肤病症），严重时还会影响肾脏机能。饱和脂肪酸会升高血脂和胆固醇的水平，而不饱和脂肪酸则有降低血脂和胆固醇的作用。

豆油中还含有约1.64%的磷脂。油脂中少量的磷脂可以作为一种乳化剂，有利于脂肪在胃肠道的消化吸收，豆油尚能提供部分我们目前的膳食中较易缺乏的维生素A。豆油还含有丰富的维生素E。维生素E是一种很强的抗氧化剂，可保护机体细胞免受自由基的损伤。

由于大豆是一种低含油量的油料，在制油工艺中，均采用一次压榨法或一次浸出法。机械榨油法比较简单，但较先进的制油方法是浸出法。

一、机械榨油法

1. 工艺流程

大豆机械榨油的方法，目前主要有热榨和冷榨两种。

（1）热榨法。其工艺流程如下：

大豆→清理破碎→软化→轧坯蒸炒→压榨→毛油→过滤→清洗→精炼

↓

饼（残油6%）

（2）冷榨法。其工艺流程如下：

大豆→清理→破碎（粗轧）→软化→调温→压榨→毛油→沉淀

↓

豆饼（残油8%～10%）

2. 工艺要点

（1）破碎。经过清理的大豆，如果含水量低于13%，可直接进行破碎，一般要求破碎成2～4瓣，通过20目筛孔的细粉量不超过10%。如净豆水分高于13%，则需要先烘干才能破碎。为了提取大豆蛋白以对豆饼豆粕进一步开发利用，预处理中还需要对大豆进行脱皮。大豆脱皮要求先将含水量晒干至12%以下，再进行破碎，这样有利于豆仁与种皮的分离，然后用多级吸风器将豆皮带走。

（2）软化。软化是大豆压榨取油的重要工序，软化是否适当，影响轧坯和粉末度，因而影响出油效果。冷榨也需要软化，温度不宜过高，45～50℃为宜，以减少蛋白质。水分偏高比较好，但需控制在10%～12%范围内。

（3）轧坯。经过破碎、软化的物料，要经过轧坯设备对其进行碾轧，使之成为具有一定厚薄的坯片，通常称之为料坯或生坯。无论是压榨法还是浸出法，都要求料坯薄而均匀，粉末少，不露油迹。坯的厚度，热轧要求0.3毫米以下，薄而透明，无粉末，因此对设备要求较高；冷轧要求0.4～0.5毫米，若采用2×10型（95型）整子冷榨时，则不需要轧坯。

（4）蒸炒。蒸炒就是将轧坯后的生坯经过加水、加热、烘干等湿热处理而变成熟坯的过程。蒸炒的方法有两种：湿蒸炒和干蒸炒。湿蒸炒是将料坯先加水润湿，通过直接蒸气加热，再经间接蒸气烘干使料坯达到要求的湿度和水分的标准。干蒸炒的料坯则无须经过加水湿润，可直接加热去水，使之达到入榨条件。

蒸炒设备主要是蒸炒锅，分立式和卧式两种类型，其中立式蒸炒锅应用最为广泛。蒸炒温度一般控制在105～110℃，蒸炒后料坯水分要降至5%～7%，浸出法料坯水分可高些，但一般不超过13%。

知识链接——螺旋榨油机取油

螺旋榨油机是目前国际上应用较多的一种连续式压榨制油设备，具有操作连续性强、动态压榨、时间短、劳动强度低、出油率高等优点，非常适用于中、小型制油企业。

螺旋榨油机在工作时，旋转着的螺旋轴在榨膛内的推进作用，使得榨料连续地向前推进，同时由于榨料螺旋导程的缩短或根圆直径的逐渐增大，使榨膛空间体积不断地缩小而产生压榨作用，把榨料压缩，使榨料中油脂从榨笼缝隙中流出。同时，被压成饼状的残渣从榨轴末端不断排出。

螺旋榨油机的压榨制油可分为进料（预压）、主压榨（出油）、成饼（重压沥油）3个阶段。

进料段：榨料向前推动的同时受到了挤紧作用，因内部空气和少量的水分被排除而形成“松饼”，开始出油。

主压榨段：此阶段是高压下排油的主要阶段。因榨膛空间迅速而有规律地减小，使榨料粒子开始紧密结合，榨料在榨膛内形成连续的多孔物而不再是松散的状态。榨料粒子与被压缩出油的同时，还会因为螺旋中断、榨膛阻力，榨笼棱角的剪切作用，而引起料层发生速差位移、断裂、混合等现象，使油路不断被打开，有利于迅速排尽油脂。

成饼段：在成饼阶段，榨料在高压下已形成饼，成为完整的可塑体，这时榨料几乎被整体向前推进，因而产生的压缩力更大，榨料中剩余的残油被进一步排出。

二、浸出法

浸出法又称萃取法制油，是对用溶剂提取油料中油脂的总称。在植物油加工工业中，浸出法制油由于具有突出优点，一直受到油料加工厂的重视，现已成为世界植物油制取的主要方式。浸出法制油出油率可比机榨高3%以上，豆粕中残油少，质量好，加工成本低，劳动生产率高。

三、产品标准

1. 感官指标

色泽一般呈黄色或棕色；折光指数（20℃）1.472 0～1.477 0；比重（20℃/4℃）0.921 0～0.925 0。

2. 卫生指标

油中的溶剂含量不得超过50毫克/千克。

3. 分级指标 （见表7—15）

表7—15 大豆油分级指标

	一级	二级
气味、滋味	具有大豆油固有的气味和滋味，无异味	
酸价（毫克KOH/克油）	不超过1.0	不超过4.0
水分及挥发物（%）	不超过0.10	不超过0.20
杂质（%）	不超过0.10	不超过0.20
加热试验（280℃）	油色不得变浑，无析出物	油色允许变深，但不得变黑，允许有微量析出

思 考 题

1. 列举几种大豆的主要营养成分。
2. 豆腐生产中常用的凝固剂有哪些？分别说明其使用特点。
3. 南豆腐和北豆腐在生产工艺上有哪些区别？
4. 发酵豆制品在我国有着悠久的历史，列举5种你知道的发酵大豆制品名称。
5. 用流程图的形式说明机械榨油法的工艺流程。

第八章　休闲小食品加工

20 世纪 90 年代以来，在食品工业中开始形成了一个新型加工食品类——休闲食品，食品专家们将其誉为 20 世纪后期食品工业的重要创新，也是 21 世纪食品工业的重点发展方向之一。休闲食品风味鲜美，热值低，无饱腹感，清淡爽口。近年来，休闲食品在市场上的销售量越来越大，并以每年 12%～15%的增长率迅速增长。

第一节　休闲食品加工主要原辅料

一、主要原料

1. 蔗糖

蔗糖一般称为砂糖，是制造各种食品最常用的甜味剂。生产前应对原料食糖的品质加以检验，原料应无结块，且甜味纯正。如果出现苦焦味、酒酸味和其他杂臭味，则是食糖严重的变质现象，不宜食用和供食品加工用。食糖在保管时应加强入库验收，如发现潮包、油包、破包，则应另行存放，及时处理。入库前还要做好防潮工作。

2. 果蔬

蔬菜和果品简称果蔬。果蔬中主要含有糖、淀粉、有机酸、含氮物质、果胶、色素、多酚类化合物、矿物质、纤维素、酶和水分等。果蔬中的有机酸在果脯加工中，具有调节风味、促进蔗糖转化的功能。果蔬的品种不同，酸的含量也不同，加工时要注意根据原料含酸量来调整糖与酸的比例。糖酸比的适度决定果蔬或果蔬制品的风味。

3. 面粉

面粉是食品行业生产原料的主体，面粉质量的优劣对食品品质起着决定的作用。目前，我国生产的面粉基本分为富强粉、标准粉、次等粉、全麦粉四个等级。面粉中的主要成分有蛋白质、糖、脂肪、矿物质和维生素。面粉中的一部分蛋白质吸水后会膨胀，形成面筋质。在食品生产中根据不同的产品，选择面筋含量不同的小麦面粉。

4. 花生

我国的花生产地遍布全国，其中以四川、山东产的最好，油脂含量较多。质量好的花生仁颜色新鲜，颗粒饱满整齐，果皮表面细致、光滑、无霉斑点。花生的营养价值丰富，经常食用花生仁及其制品能健脾胃，有助智力。在花生制品的生产中，花生仁要炒熟去皮后方可使用，色泽为乳白至微黄，性脆味香。

5. 食用油

食用油是人们日常生活所用的油脂，也是食品生产极大的原料之一。油脂成分复杂，广泛存在于各种动植物体内。油脂种类丰富，生产中常用的食用油分为动物油和植物油两类。油脂能够为人体提供热量，一些食品中加入适量的油脂，不仅可以增加营养，还可以改变食品风味。

6. 大米及米粉

大米的主要成分有蛋白质、糖（淀粉）、脂肪和灰分。大米分为粳米、籼米和糯米三种。食品加工中，为了使加工的产品的感官性质良好，一般选用粳米和糯米及其米粉。米粉的加工中，以糯米粉的加工要求最为严格，一般要先放在水中搓洗、浸泡，经炒后再磨制成粉，粉磨得越细越好。

二、辅助原料

1. 奶粉

奶粉是以新鲜的牛奶或羊奶为原料，经过杀菌以后在常压或减压下喷雾干燥，将其水分蒸发，干燥成含水量约3%的粉粒。因微生物在干燥条件下失去水分无法繁殖，所以奶粉食用方便，便于运输、贮存。奶粉根据其含脂率的不同可分为全脂奶粉、脱脂奶粉和乳脂粉。奶粉应贮存在干燥、低温、通风良好的仓库中，防止潮气，避免阳光照射。

2. 蛋品

蛋品在食品生产中的用量很高，其中以新鲜的鸡蛋最为常用。鸡蛋的营养极为丰富，蛋白营养价值高，在人体内的消化率高达98%；蛋黄中含有的卵磷脂，能够促进脑功能；鸡蛋中含有人体所需的各种氨基酸；钙、铁等矿物质和维生素在蛋中的含量也较多。蛋品在食品生产工艺中还有使制品疏松，易于上色乳化的特性。乳化有促进油和水融合的作用，使产品结构更为均匀。

3. 蜂蜜

蜂蜜是植物花蕊中的蔗糖经蜜蜂唾液中的蚁酸水解形成的。蜂蜜的主要成分是葡萄糖和果糖，所以蜂蜜味感极甜。蜂蜜还含有宜于人体健康的各种酶、维生素、蛋白质、有机酸及泛酸钾等，并含有抗菌素，能在10小时内杀死痢疾杆菌。蜂蜜营养全面，具有滋养心肌、保护肝脏、防止血管硬化的作用。食品加工中，蜂蜜能够起到使制品柔软清香，色、香、味兼优的作用。

4. 饴糖

饴糖是利用发芽的大麦粒内的麦芽酶作用于淀粉，使淀粉糖化后产生的一种中间产物，具有麦芽糖的特殊风味。饴糖主要成分是麦芽糖和糊精，性黏而甜味淡。饴糖在生产中要检查其杂质含量，饴糖如含有淀粉、油脂及蛋白质，则很容易使酸度增高，出现大量泡沫并产生酒味。

5. 琼脂

琼脂又称洋菜，属海藻类。市售的琼脂呈细长条状，长约 26～35 厘米，宽约 3 毫米，末端皱缩成十字形，呈白色或淡黄色，半透明，表面皱缩，质轻软而韧，不易折；干燥完全后性脆而易碎，无臭，味淡。

琼脂在我国食用的历史较久。目前被广泛应用于食品工业中。冷饮食品中添加琼脂，能改善冰激凌的组织状态，并能提高凝结能力，使产品组织轻滑。在冰激凌的混合原料中，一般使用量在 0.3%左右。使用时先用冷水冲洗干净，调制成 10%的溶液后再加入混合原料中。在制造琼脂软糖、羊羹等产品时，琼脂的用量一般占配方总固形物的 1%～1.5%。在果酱的加工中，可用琼脂作为增稠剂，以增加成品的黏度。在制作以小豆馅为主的甜食时，琼脂是一种主要的添加剂，一般为小豆馅的 1%左右。

三、食品添加剂

1. 着色剂

（1）胭脂红。胭脂红是一种常用的合成色素，为红色的均匀粉末。胭脂红的毒性较低，最大使用量为 0.05%克/千克。使用方法一般分为混合法和涂刷法两种。混合法即将要着色的食品与着色剂混合；涂刷法是先将着色剂溶于一定量的溶剂中，溶解后再涂刷到食品表面。

（2）柠檬黄。柠檬黄是一种安全性较高的合成色素，为橙黄色的均匀粉末，可单独或与其他色素混合使用，最大使用量为 0.1 克/千克。

2. 精香料

食品感官性质中很重要的一点就是香味，香料是具有挥发性的有香物质。用多种香料配合调制合成的香料就是香精。香精主要分为水溶性香精和油溶性香精。食用水溶性香精适用于冷饮品及配制酒等食品的赋香，其用量在汽水中一般约为 0.02%～0.1%，在配制酒中一般约为 0.1%～0.2%，在果味露中约为 0.3%～0.6%。食用油溶性香精则通常用于饼干、糖果及其他焙烤食品的加香。使用量在饼干、糕点中一般约为 0.05%～0.15%，面包中约为 0.04%～0.1%，在糖果中约为 0.05%～0.1%。

3. 防腐剂

苯甲酸钠和山梨酸钾是较为常用的防腐剂。苯甲酸钠为白色的颗粒或结晶性粉末，使用时一般是加适量水将苯甲酸钠溶解后，再加入食品中搅拌均匀即可。在酱油、醋、果汁类、果酱类、葡萄酒、罐头生产中，苯甲酸钠最大使用量为 1 克/千克。汽水中的最大使用量为 0.2 克/千克。要注意的是苯甲酸钠在使用时不能与酸接触，否则会产生沉淀现象。通常在饮料的生产中，苯甲酸钠与柠檬酸不同时加入。山梨酸及其钾盐的抑菌效果比苯甲酸钠高5～10倍，毒性仅为苯甲酸钠的20%，而且不会破坏食品原有的色、香、味和营养成分，是一种优良的化学防腐剂。

4. 膨松剂

碳酸氢钠是较为常用的一种膨松剂，俗称小苏打，为白色粉末状结晶。碳酸氢铵也为白色粉末状结晶，两者都有热不稳定性，在空气中易风化。在食品加工中，尤其是饼干、糕点的生产中，碳酸氢钠多与碳酸氢铵合并使用，在和面过程中加入。焙烤时两者受热分解产生气体，在产品内部形成均匀致密的多孔性组织，增加体积并改善口感及外观质量。碳酸氢钠使用量一般约为0.3%～1%。

5. 漂白剂

白色粉末或结晶状的亚硫酸盐是比较常用的漂白剂。在我国传统的特产食品果干、果脯的加工中，多采用熏硫法或用亚硫酸盐溶液浸渍法进行漂白，防止褐变。二氧化硫溶于水中，形成亚硫酸，还可起到防腐作用。在食糖、冰糖、蜜饯类、葡萄糖、饴糖、饼干、罐头中亚硫酸盐的最大使用量一般约为0.6克/千克。漂白后产品二氧化硫残留量饼干、食糖、粉丝不超过0.05克/千克，罐头不超过0.02克/千克，其他品种不超过0.1克/千克。

6. 其他食品添加剂

（1）营养强化剂。营养强化剂是维持人体正常生长发育的必需物质，主要包括维生素、氨基酸以及含氮化合物、蛋白质和微量元素补充剂。食品生产中常用的有赖氨酸盐、维生素、钙强化剂和铁质强化剂等。

（2）稳定剂和增稠剂。稳定剂和增稠剂是一类能够稳定乳状液、悬浮液和泡沫，提高食品黏度或形成凝胶的食品添加剂。使用增稠剂后食品可获得所需的各种形状和硬、软、脆、黏、稠等各种口感。常用的稳定剂和增稠剂有瓜尔豆胶、阿拉伯胶、褐藻胶、卡拉胶、琼脂、淀粉及果胶等。

（3）甜味剂。甜味剂是近期发展较快，销售额很大的一类添加剂。主要品种有糖精、甜蜜素、阿斯巴甜、安赛蜜等。具有低热量、非营养、高甜度、口感好等特点的合成甜味剂是未来甜味剂的主导。食用化学品甜味剂包括食糖替代品和高倍甜味剂。我国现已批准使用的甜味剂有14种。

第二节　谷物类休闲食品

谷物休闲食品的一大类为谷物膨化食品。膨化食品主要以水分含量较少的米、麦、豆类为原料，经过加热加压处理，使其体积膨胀，再经调味加工而成的休闲食品。膨化食品在我国已有多年历史，人们日常所熟悉的爆米花就是采用高温高压工艺制作的。近年来，各种新技术、新工艺应运而生，有力地推进了膨化食品领域的科学进步和产品发展，使膨化食品在消费市场的货架上占了一席之地，琳琅满目的包装和花样各异的品种越来越受到消费者的青睐。

一、锅巴

锅巴是用大米、淀粉、棕榈油等为主要原料，经科学方法精制而成。它口感香脆，营养丰富，既可作为下酒小吃，又可烹调菜肴。

1. 主要设备

制作锅巴的主要设备包括：淘米机、蒸锅、压片机、切片机、电炸锅、封口机、搅拌机等。

2. 原料配方

（1）锅巴的原辅料配方。大米 500 克，棕榈油 150 克，淀粉 62.5 克，氢化油 10 克。

（2）牛肉风味的调味料配方。牛肉精 0.6%，五香粉 0.3%，味精 0.3%，糖 0.3%，盐 1.5%。

（3）咖喱风味的调味料配方。盐 1.5%，咖喱粉 1%，味精 0.3%，丁香 0.05%，五香粉 0.3%。

3. 工艺流程和工艺要点

淘米→煮米→蒸米→拌油→拌淀粉→压片→切片→油炸→喷调料→包装

（1）煮米。将清洗干净的米放入锅中煮至半熟，捞出。

（2）蒸米。将煮至半熟的米上锅蒸熟。

（3）拌油。加入大米原料量 2%～3%的氢化油或起酥油，搅拌均匀。

（4）拌淀粉。淀粉和蒸米的比例为 1∶6～8，搅拌均匀，搅拌温度为 15℃～20℃。

（5）压片。用压片机将拌好的料压成 1～1.5 毫米厚的米片，压 2～4 次即可。

（6）切片。将米片切成 2 厘米×3 厘米的小片。

（7）油炸。油温约 240℃，时间 3～6 分钟。炸至浅黄色时捞出，沥油。

（8）喷调料。按上述配方配好料，调料要干燥，喷洒要均匀。

（9）包装。按所需规格包装，封口用热合机封合。

4. 产品标准

产品外观整齐，颜色浅黄色，无焦煳状和炸不透的产品；口感香脆不粘牙；调味料喷洒均匀。

二、乐口酥

乐口酥以土豆或地瓜、淀粉、奶粉为原料，经油炸而成。口感酥脆，特别是土豆中的蛋白质与人体中的蛋白质十分相似，人体易消化吸收。

1. 主要设备

制作乐口酥的主要设备包括电动绞肉机、电炸锅、热合机、压力漏粉机、蒸煮箱、去皮机、烘干房、搅拌机和台秤等。

2. 原料配方

土豆泥100千克，盐1千克，淀粉12～15千克，糖7～8千克，奶粉1千克，调味料适量，香甜泡打粉1.5千克。

3. 工艺流程和工艺要点

土豆或地瓜→清洗→去皮→蒸熟→搅→配料→搅拌漏丝→油炸→调味→烘干包装→成品

(1) 原料挑选。选用无芽、无冻伤、无霉烂及病虫害的土豆或白薯，清洗干净待用。

(2) 去皮。可用去皮机或碱液去皮法将土豆皮去掉。生产量较小可以先将土豆蒸熟再去皮。

(3) 蒸煮。用蒸汽将土豆蒸熟。蒸前可先将土豆切成小块或条以减少蒸煮时间。

(4) 用绞肉机将熟土豆搅成土豆泥，然后按配方加入其他原料，搅拌均匀，静置。

(5) 将搅拌好的糊状物放入漏粉机中，其压出的糊状丝直接调入180℃的炸锅中，压入量为漂在油层表面3厘米厚为宜，直至泡沫消失方可出锅，通常需3分钟左右。炸至深黄色时即可捞出，放入筛子内，撒上调味料，让其自然冷却。

(6) 将炸好冷却后的丝放入烘干房烘干1～2天后，产品便酥脆可口。

4. 产品标准

(1) 感官指标。产品色泽呈深黄色，口感酥脆，形状呈长短不一的细丝状，丝的直径约2.5～3毫米。

(2) 理化指标。脂肪含量约25%，蛋白质含量约5%，水分<6%。

(3) 微生物指标。细菌总数（个/克）≤750，大肠菌群近似数（个/100克）<30，致病菌不得检出。

第三节　瓜子类休闲食品

瓜子是我国最具传统特色，历史最为悠久的炒货食品。在我国，瓜子来源十分广泛，生产地遍布全国。瓜子风味独特，种类繁多，长时间食用也不会使人产生饱腹感，方便携带、贮藏和食用。瓜子制作工艺简单，加工设备投资小，可工业化生产也可以家庭小作坊生产。由于瓜子的种种优点，使其成为一种传统的休闲食品而世代相传，经久不衰。

一、制作瓜子食品的原辅料

1. 原料

(1) 黑瓜子。黑瓜子是籽瓜的种子。籽瓜属西瓜的一个变种。黑瓜子产地很广，黑龙江、吉林、辽宁、内蒙古、河北、江西、河南、山西、甘肃、江苏、安徽及新疆等省或自治区均有出产。

（2）白瓜子。白瓜子是南瓜、角瓜、倭瓜等子粒的统称。白瓜子几乎在全国各省均有出产，其中以黑龙江、吉林、山西、浙江、云南、贵州、河北、河南等省产量较高。

（3）葵花子。葵花子是向日葵的子实。葵花子产地最广，全国各地均有出产。以东北和内蒙古产量最多，品质最好。

2. 辅料

（1）八角。八角又称大料，具有特殊的香味，是一种辛辣性的调味品。品质较好的八角色泽棕红，鲜艳又有光泽，颗粒大而饱满整齐，干硬。

（2）花椒。花椒产于河北、河南、山西、陕西、四川、云南等地。其味麻辣且涩，芳香浓烈，是调味佳品。花椒的品质以干燥、粒大、外壳红艳、香气浓郁、麻辣味足为佳。

（3）小茴香。小茴香形似大麦，两端稍尖，外表光滑，颜色绿中带黄，有辛辣香气。小茴香产地较多，其中以山西数量最多。

（4）桂皮。桂皮即桂树之皮。其产量以湖北、江西两省最多。桂皮的品质以香味好、干燥、色泽纯正、厚薄均匀为好。

（5）丁香。丁香气味强烈芳香、浓郁，因其特殊而温和的气味，成为人们普遍欢迎的一种调味品。在食品加工中，多用于肉类、糕点、炒货、蜜饯等食品的制作以及配制其他调味品。

（6）食用香精。食用香精由多种安全性高的香料和稀释剂调和而成，具有增加食品香味的作用。

（7）糖精。糖精为无色结晶或白色结晶状粉末，其甜度通常为蔗糖的300～500倍，易溶于水。糖精本身并无营养价值，主要起调味作用。根据国家卫生标准，用量不得超过0.015%。

（8）食盐。

二、奶油瓜子

1. 原料配方

西瓜子100千克，生石灰10千克，花生油3千克，香兰素50克，白糖1千克，牛奶香精100毫升。

2. 工艺要点

（1）将石灰溶解到水中，加水量以能浸没瓜子为限，倒入西瓜子浸泡约5小时，以去掉瓜子壳上的蜡质黏膜。捞出后，再用清水漂洗干净。

（2）取铁锅放置在旺火上烧热，加1/3的油烧至约八成热，倒入西瓜子不断翻炒，待西瓜子中水分快干时，再倒入1/3油，换文火继续翻炒，同时用少量沸水将糖溶化制成糖液，待西瓜子炒熟后，迅速将其均匀撒入糖液中，再加入剩下的1/3花生油和用少量水化开的香兰素溶液，翻炒均匀即可离火。

(3) 将炒好的西瓜子自然冷却后，加入牛奶香精拌匀即可。

三、五香瓜子

1. 原料配方

西瓜子 100 千克，桂皮 125 克，生姜 150 克，牛肉精粉 100 克，小茴香 65 克，白糖 2 千克，八角 250 克，食盐 5 千克，花椒 32 克，植物油 1.2 千克。

2. 工艺流程

西瓜子→石灰液浸泡→漂洗→加香煮制→拌香料→烘烤→摊晾→包装→成品

3. 工艺要点

(1) 瓜子筛土，去除杂质、劣质和不能加工的瓜子。将石灰溶解到水中，把筛选过的瓜子倒入石灰液中浸泡 24 小时。捞出后用清洁的水冲洗干净，待用。

(2) 称取生姜、小茴香、八角、花椒、桂皮封入宽松的纱布袋内，以备煮制瓜子时使用。

(3) 将瓜子倒入夹层锅内，加水煮沸，料水比为 1∶4，1 小时后捞出。

(4) 锅中加 150 升水，放入 10%水量的食盐，再加入辛香料、牛肉精粉，将煮后的瓜子放入锅内，煮沸约 2 小时，捞出沥干水。应特别注意的是煮沸时要经常补充水至原容积。

(5) 将沥干水的瓜子趁热拌入 5 千克食盐和 2 千克白糖，搅拌均匀后将瓜子撒在铺有塑料编织网的干净竹箅上，瓜子要均匀铺开，每箅上放瓜子 1 千克左右，将瓜子连同竹箅一起放入烘房。烘房内温度一般在 70～80℃，烘烤时间约 4 小时。烘烤期间要经常启动排气机排潮，每 30 分钟排一次，每次 1～2 分钟即可。

(6) 瓜子取出后要用油刷均匀拌入植物油，用量为原料的 1%。然后放到保温库均匀摊开，表面晾干后即可进行包装。

四、多味葵花子

1. 原料配方

葵花子 100 千克，食盐 10 千克，大料 1 千克，小茴香 1 千克，胡椒粉 50 克，姜粉 30 克，花椒 200 克，桂皮 1 千克，甜蜜素 50 克，奶油香精 50 毫升，水 150 升。

2. 工艺要点

(1) 用纱布缝好宽松的布袋，将大料、桂皮、小茴香、花椒、胡椒粉、姜粉等配料装入纱布袋，封口，放入水中煮沸保持 30 分钟左右。

(2) 将调味袋捞出，加入瓜子、食盐、甜蜜素一同煮沸，之后改用文火连续煮 1～2 小时，每隔 10～15 分钟翻动一次，1 小时后开始频繁翻动，使葵花子成熟度一致，入味均匀，直至锅内水分基本炒干为止。

（3）将瓜子起锅后趁热装入麻布口袋，一次不宜装入过多，将葵花子上的黑皮尽可能地揉搓掉，然后再撒上奶油香精，用砂锅炒干或烘烤干，也可以在烈日下暴晒，经筛选分级后，再用文火焙一焙。使白皮稍呈黄色为好。这样制出的葵花子食而不燥，甘甜生津。

第四节　花生类休闲食品

在我国，花生是主要的油料作物之一，许多地区均有栽培，年产量居世界第二位。花生营养价值很高，不仅含有丰富的油脂，蛋白质的含量也很高，且易于消化吸收。花生中还含有人体所需的全部必需氨基酸。目前，我国在花生系列制品的开发和研究方面仍做得不够，品种单一，产品档次低，加工技术、设备落后，每年只有10%～15%的花生用于加工成花生制品，大多数还以传统制品为主。因此，我国花生蛋白系列食品的开发具有非常广阔的市场前景。

一、花生蘸

1. 原料配方

花生米12.5千克，白砂糖21千克，香兰素6克，白矾2克。

2. 工艺流程和工艺要点

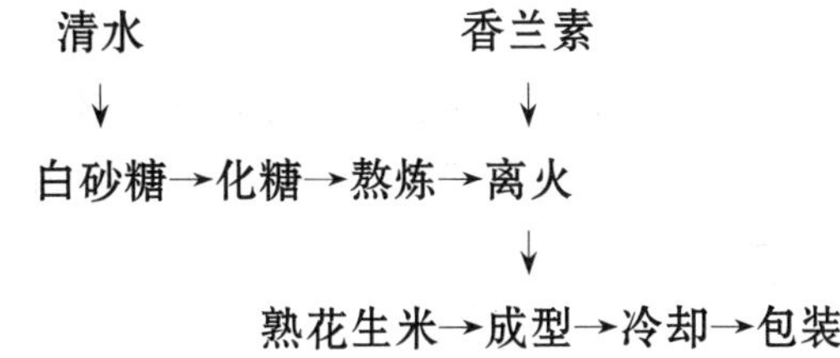

（1）将经过挑选除杂后的花生米烘烤成熟，去掉花生米上的红皮。

（2）在锅中放入10千克左右清水，再将白砂糖放入锅中，加热熬炼，待糖液温度升至135～140℃时，离火，放入香兰素和白矾，搅拌均匀，备用。熬糖时要注意火候，使糖汁色泽洁白为好。

（3）熬糖的同时，要将花生米用微火烤熟，放入转锅内，开动机器，随后将熬好的糖汁一勺一勺地浇在花生米上，浇汁要细，要均匀，通常一锅糖要浇5～6分钟。

（4）将成品倒入盘中冷却，充分冷却后再包装。

3. 产品标准

口感甜酥适口，营养丰富，有花生香味。外表雪白，颗粒匀整，互不粘连，糖衣不宜脱落，有刺状突起。

二、五香花生米

1. 原料配方

花生米 1 千克，食盐 60 克，白糖 25 克，五香粉 25 克，水适量。

2. 工艺流程和工艺要点

辅料→溶化→浸泡花生米→沥干→炒制→成品

（1）用开水将食盐、糖、五香粉溶解，加水量以能浸没花生为准，倒入干净的花生米，浸渍 2 小时，捞出沥干水分。浸泡时间不宜过长，否则花生米涨开，炒后香味差，且不宜晾干。

（2）将过筛洗净的河沙放入铁锅中炒至发热，倒入花生米，开始不停用铁铲翻炒，使花生米受热均匀。将花生米炒至黄色并发出爆裂声后，改用小火翻炒片刻至花生米酥脆，起锅，筛出花生米即可。

三、鱼皮花生

鱼皮花生为我国传统的花生食品，味道咸甜，口感酥脆，与其他同类产品相比享有很高的声誉，拥有广阔的市场。

1. 主要设备

糖衣机或滚糖机、转动烤炉、和面机、塑料袋热合机。

2. 原料配方

花生米 25 千克，标准粉 15 千克，大米粉 7 千克，白砂糖 4 千克，饴糖 3 千克，泡打粉 150～200 克，麻油 500 克，酱油 4 千克，味精 50 克，三奈 50 克，八角 50 克。

3. 工艺流程和工艺要点

糖液
↓
生花生米→筛选→成型→半成品→烘烤→调味
↓　　↓　　↓
次品　混合粉　冷却→成品

（1）选料。将霉变、碎瓣及不规则的花生挑出，筛出大、中、小粒，分别保管备用。

（2）调粉。将 10 千克标准粉和 7 千克大米粉用搅拌机搅拌均匀，制成调和粉，备用。

（3）调料。将饴糖放入锅中加热，再放入白砂糖加热熔解后离火。将三奈、八角加清水煮沸 20 分钟，取汁，再煮沸取汁，将两次汁液合在一起，加入适量味精。取一半调好的料汁放入溶解好的糖中，自然冷却至室温加入泡打粉。

（4）成型。先将花生米放入转锅中开机转动。随后将配好的糖汁细而均匀地浇在花生米上，再撒上一层薄薄的调和粉，约 3 千克左右，之后每浇一层糖汁，撒一层调和粉，直到将调和粉全都撒在花生米上为止。最后将剩下的标准粉 5 千克撒在花生米上，继续转动转锅直至将花生米裹实摇圆即可。

（5）阴干。将已成型的半成品摊开、阴干，夏季在 24 小时左右，冬季约 60 小时，即可烘制。

（6）烘烤。将半成品放入烤炉转笼中，推入烤炉。初烤时可用木棒随时敲打转笼，不使花生粘连，烤至笼内发出清脆的咔咔声，花生表面呈微黄色时，即可起炉，剖开产品检查，如花生仁里面呈牙黄色，马上倒入调味料待调味。

（7）调味。以 1∶1 的比例用清水将酱油稀释，加热煮沸后，加入另一半调味汁混合均匀。趁出炉的熟坯尚热迅速泼上调味液，开动机器搅拌均匀，然后转入大转盘中，冷却后洒上少量熟清油，混合均匀。

8. 包装

仔细挑选后剔除次品，其余根据规格用塑料袋包装封口。

第五节　果品蜜饯类休闲食品

果品是大自然的精华，它不仅形色艳丽，果香芬芳，还有很高的营养价值。水果中糖、维生素、有机酸、矿物质、果胶等成分含量很高，其中枣、山楂、猕猴桃中的维生素 C 含量最高。果脯中铁的含量最多，以杏干、沙果、柿饼中的含量最为丰富。因此以果品为原料制成各类食品，都具有保健的作用。目前，我国水果加工的水平还很低，每年用于加工产品的原料约 800 万吨，仅占水果产量的 20%左右，与世界发达国家水果加工量比还有很大的差距。因此，我国还需要大力发展水果加工业。

一、苹果脯

1. 原料配方

新鲜苹果 60 千克，白砂糖 40 千克，亚硫酸钠 100～150 克，氯化钙 50 克，柠檬酸少许。

2. 工艺流程和工艺要点

原料选择→去皮→切分→去心→硫处理和硬化处理→糖煮→糖渍→烘干→包装

（1）选料。加工苹果脯宜用晚熟品种，如果光、红玉等。选用果形大而圆整、果心小、果肉疏松、不易煮烂的原料。

（2）去皮。按损伤程度将原料分级后，削去果皮，挖出损伤部位果肉。

（3）切分去心。将苹果对半切开，挖去果心。

（4）硫处理和硬化。将果块于浓度为0.1%的氯化钙和0.2%～0.3%的亚硫酸钠混合液中浸泡约8小时，进行硬化和硫处理。如原料肉质较硬则只需进行硫处理。每100千克混合液可浸泡120～130千克原料。浸时上面压好重物，防止原料上浮，捞起后用清水洗2～3次，沥干备用。

（5）糖煮。配好40%浓度的糖液25千克，加柠檬酸0.2%，将糖液与60千克苹果一并倒入锅中，以旺火煮沸后，再添加制作上批产品时剩下的糖液渍，重新煮沸。反复进行3次，约需30～40分钟。此时果肉软而不烂，并会随着糖液沸腾而膨胀，表面出现细小裂纹后，再每隔5分钟加一次白砂糖。前两次分别加糖5千克，第三、四次分别加糖5.5千克，第五次加糖6千克，第六次加糖7千克，再煮2分钟，加糖总量为果实重量的2/3。全部糖煮过程需要1～1.5小时，待果块被糖液浸渍呈透明状时，即可出锅。

（6）糖渍。趁热起锅，将果块连同糖液倒入缸内浸渍2天，至果实吃糖均匀。

（7）烘干。将果块捞出铺在烘盘上，送入烘房，用50～60℃的温度烘烤36小时，也可放在烈日下晒干。

（8）剔除有伤疤、色泽不匀的果脯，即可根据规格用塑料薄膜将成品分装。

3. 产品标准

果脯表面不粘手，果肉有韧性，果块透明，不返砂，不流糖。含糖量约68%～70%，含水量18%左右，二氧化硫含量不超过0.002%。

二、杏脯

1. 原料配方

新鲜杏100千克，白砂糖20～25千克，硫黄0.3千克。

2. 工艺流程和工艺要点

选料→清洗→切分→去核→熏硫→糖渍→糖煮→再糖渍→整形→烘烤→成品

（1）选料。挑选果实表皮颜色由绿转黄的八成熟的鲜杏，果肉易离核，肉质细腻有弹性，耐储存，无病虫害的完整无伤果实。

（2）去核。将鲜杏清洗干净，平放，缝合线朝上，用刀沿线将其切开，用手掰成两瓣，再用去核刀挖去杏核。

（3）熏硫。把杏瓣放在烘盘上，淋上少许清水，放到熏硫室，熏3～4小时。每100千克原料需用硫黄0.3千克左右。

（4）糖煮。将20千克砂糖放入锅内，加入适量清水，加热溶化，将100千克的杏瓣倒入锅内煮约20分钟，其间要不断搅拌。

（5）糖渍。将杏瓣连同糖液起锅，倒入缸内糖渍1天。

（6）再次糖煮。称量约39千克砂糖放入锅内，加入少许清水，加热溶化。再将第一次糖渍杏瓣滤出的糖液和杏瓣一起倒入锅内，煮30分钟。再糖渍1天。

（7）整形。将杏瓣捞出沥干糖液，沥净后将杏瓣压扁，铺放在烤盘上。

（8）烘烤。将装有杏片的烤盘送入 55～65℃的烘房，烘烤 1.5～2 天，直至杏片表面不粘手，其间需翻动一次。

3. 产品标准

杏脯呈半圆形，色泽红黄，半透明，口感柔软，味道酸甜。含糖 60%～65%，水分含量 18%～22%。

三、话梅

1. 原料配方

新鲜梅果 250 千克，甘草 2 千克，砂糖 3 千克，甜蜜素 500 千克，盐 45 千克。

2. 工艺流程和工艺要点

选料→盐渍→漂洗脱盐→晒制→加料腌渍→晒干

（1）选料。选用约八成熟的新鲜果实，拣去枝叶及霉烂的果实。

（2）盐渍。每 250 千克新鲜梅果加食盐 45 千克。一层梅果一层盐地腌制，这个过程大概需要 25 天。其间要倒缸几次，使盐分渗透均匀。

（3）脱盐。将梅坯在清水中漂洗 4～6 小时，脱去 50%的盐分后捞出。

（4）晒干。将梅坯在阳光下暴晒。刚晒时不宜经常翻动，以免碰伤外皮。

（5）腌渍。甘草加适量的水煮成 50 千克的甘草汁。滤出甘草，在滤液中加入砂糖、甜蜜素，加热搅拌溶解后，与梅坯一起倒入缸内。

（6）晒干。待梅坯完全吸收汁液后，捞出，在阳光下晒干。

3. 产品标准

色泽呈棕黄色，品形完整，表皮带有皱纹，不黏不燥。味道酸甜适中。总糖含量＞20%，水分＜30%，总酸＞1.5%，盐分＜12%，甜蜜素按国家标准添加。

第六节　马铃薯休闲食品

一、油炸马铃薯片

油炸马铃薯片的制作工艺流程和工艺要点如下：

马铃薯清理与洗涤→去皮和修整→切片与洗涤→色泽处理→油炸→调味→验收和包装

（1）清理与洗涤。将要加工的马铃薯倒入进料口内，在输送带上拣去腐烂的、畸形的、细小的不符合规格的马铃薯及杂物。清理后由提升机送到洗涤机内，洗净马铃薯表面的污垢和外来杂物。

（2）去皮和修整。马铃薯的去皮设备有间歇式鼓型摩擦去皮机、新型连续式碱去皮机、蒸汽热烫机。一般摩擦去皮机比蒸汽去皮机的损耗要大。剥皮的平均损耗为1%～4%。去皮的块茎经喷射水淋洗，然后送到皮带运输机上进行整理和检查，除去杂物和有缺陷的马铃薯块茎并进行某些修整。

（3）切片与洗涤。去皮后的马铃薯一般采用旋转式切片机切成厚1.7～1.0毫米的薄片。并且要均匀一致，以便得到颜色均匀的油炸马铃薯片。切好的马铃薯片，要用清水进行冲洗和烘干。

（4）色泽的处理。切好的马铃薯片在空气中往往易发黑，因此，在油炸前必须改进马铃薯的色泽。最常用的处理方法，是用热水过滤切好的马铃薯片，或者在切片时用化学溶剂来控制糖分转化，阻止马铃薯块切片时参与变色反应。

（5）油炸。在加工量非常小的地方，可以采用间歇式油炸锅。产量较大的，多采用自动进料连续式的油炸锅。现代的连续油炸锅每小时加工2～4吨。常用于炸制马铃薯片的油有棉籽油、豆油、玉米油、花生油。

（6）调味。为改善油炸马铃薯的食味，可在炸好的马铃薯片内增添适量调味剂，预先将盐和味精混匀，置于运输机上方的调料斗内，与马铃薯片混匀。有些马铃薯炸片可添加烤香油料的粉末、奶酪或其他特殊风味的调料。

（7）包装。炸马铃薯片经调味后在验收皮带运输机上冷却，以获得具有较好黏附盐和调味粉的油炸薯片，经人工挑出变色薯片，称量后再经包装机包装。

二、油炸和冷冻马铃薯条

20世纪90年代以来，随着麦当劳、肯德基、必胜客等美式快餐在中国的迅速扩张，美式炸薯条已成为城市儿童、青少年及部分成人的至爱。冷冻薯条除10%左右进入国内商店销售外，其余90%由快餐店进行加工以油炸薯条的形式销售。其工艺流程和工艺要点如下：

洗涤与去皮→整理→分类→切条→漂白→油炸→冷却→冷冻→包装

在整理分类和切条中，要拣出来剥皮的、有黑点及糜烂的块茎，整洁的块茎被切成截面宽度为7～12毫米的马铃薯条，将薯条按尺寸分级。

将薯条煎炸前，要先用70～95℃的水烫漂几分钟，这是为了除去外细胞层中的糖，以获得均一浅色的煎炸产品。烫漂后必须把薯条晾干，因为薯条上和内部的水越少，所需的煎炸时间越短，产品中的含脂量就越低。

将漂白或烫漂的薯条放入油锅煎炸，煎炸后的薯条应具有良好的食用质量。若不进行干燥，煎炸时间约为5分钟，温度为150℃。烫漂、干燥得当的薯条，在180℃左右的温度下煎炸时间往往少于1分钟。

煎炸食品可根据其最终目的加以冷却（2～4℃）或深冻（－20℃），冷却产品用5千克或10千克的纸盒包装（供快餐店用），供家庭食用的要进行深冻，并且用小袋包装。

冷冻制品的特点是可以保持马铃薯的质地、风味和营养价值，同时不必再清洗、去皮、切换，是人们日常生活中烹饪的中间原料。

三、马铃薯脆片

利用土豆加工成土豆脆片，是一种很受欢迎的食品，市场前景极为广阔。其制作工艺流程和工艺要点如下：

原料清洗→切片→杀青→糖渍→冷冻→油炸→脱油→冷却→分包装

（1）选料与清洗。选用新鲜、无病虫害的土豆，用清水洗去土豆表面黏附的泥巴和杂物。

（2）切片。将洗净的土豆置于切片机口，切成2～3厘米大小的薄片。

（3）杀青。将切成薄片的土豆片，放入60～70℃的热水中，进行杀青处理。杀青时间约3～5分钟（杀青温度不要过高，杀青时间不能过长，否则将会煮烂土豆片而影响产品质量）。

（4）糖渍。将杀青后的土豆片捞起沥干水分，放入45%浓度的糖液中进行糖渍，糖渍时间为8～12小时。糖渍时也可根据消费者口味，添加一定量的食盐、五香粉或辣椒粉，使成品具有“多味型”的特点。

（5）冷冻。将浸渍后的土豆片取出、沥干糖液、置于低温下（冷冻室或冰箱中）冷冻2～3小时。

（6）油炸。家庭制作可用普通油锅油炸，批量生产也可用油炸釜进行油炸。真空油炸时，要将封闭真空油炸釜中的空气抽至接近真空状态，并将其中的油加热至沸，再将装有土豆片的油炸笼置于真空油炸釜的沸油中进行油炸。

（7）脱油。家庭加工时，油炸后捞出沥尽余油即可。批量生产时，油炸后要采用离心脱油。即将装有油炸土豆片的油炸笼，从真空油炸釜中取出，置于离心沥油机中进行脱油处理。

（8）冷却。将脱油后的油炸土豆，置于通风条件下自然冷却，或用冷风让其迅速冷却。

（9）包装。冷却后随即分量包装，250～500克一袋，用食品塑料袋密封包装后即可上市。

第七节　其他类休闲食品

一、山楂糕

1. 原料配方

山楂 20 千克，水 10 千克，白砂糖 20 千克，白矾 0.4 千克，防腐剂 40 克。

2. 工艺流程和工艺要点

新鲜山楂→挑选→洗净→沸水煮制→打酱机脱核→搅拌机→配酱混合→拌糖浆→定型→成品

（1）将新鲜山楂中的杂质剔除，用清水洗净，然后放入不锈钢锅中，加热煮沸 10～15 分钟，再放入打酱机内，加水制成山楂酱。

（2）打酱时，应将山楂和水均匀地加入（包括煮山楂的水），不要太稠，0.5 千克山楂约出果酱 0.6～0.65 千克。

（3）50 千克山楂糕用白矾约 0.4 千克，白糖 20 千克，白糖和白矾应先用水溶解。

（4）将山楂酱放入搅拌桶内，一边搅拌加入糖浆和白矾溶液，搅拌 5 分钟，倒入垫有塑料布的木盘中定型，每盘约倒入 2.5 千克，经过一天一夜，冷却凝固后，即为成品。

二、糖姜片

1. 原料配方

新鲜姜，白砂糖，白糖粉。

2. 工艺要点

（1）挑选无霉烂的生姜，洗净，去皮。

（2）将生姜横向斜切成薄片。

（3）以鲜姜 100 千克，加清水 80 千克放在锅中煮沸，捞出后沥出水分。

（4）将 60 千克白砂糖加入 22 千克清水中，放入锅中煮沸，倒入姜片，上下翻动煮约 1.5 小时，至糖液浓缩，下滴成珠时，即可离火，将姜片捞出。

（5）用预先磨好的白糖粉 8 千克将姜片拌匀，筛去多余糖粉。

（6）将上好糖粉的糖姜片摊晒一天，干燥后即为成品。

三、地瓜干

1. 生产原料

新鲜红薯。

2. 工艺要点

（1）挑选红心、含糖量高、纤维较细、含水量适当的红薯为原料。

（2）将红薯用旺火蒸至约八成熟。太熟则过烂，不易成型，不熟则难以剥皮。

（3）蒸后趁热将外皮剥去。

（4）将去皮的红薯摆在烤盘上，离火 50 厘米，烤至三成干时，压扁整形，然后保持微火继续烤干，烤至九成干即可。通常在烤后 7 天左右再复烤 5～6 小时，成品可长久保存。

思 考 题

1. 休闲小食品生产常用的原料有哪些？
2. 列举三类食品添加剂，并各举一例添加剂名称。
3. 现要制作牛肉风味的锅巴，请写出所需的配方。
4. 瓜子是我国传统的炒货食品，制作瓜子食品的原辅料有哪些？
5. 果脯的制作工艺中常常需要熏硫，请简述熏硫的作用。